>>>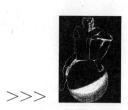

>>> 大家学术随笔书系　DAJIA XUESHU SUIBI SHUXI >>>

幸福意志

>>> 郑希耕 >>> XINGFU YIZHI >>> XINGFU YIZHI >>>

生活与心理学随笔

郑希耕 著

北京大学出版社
PEKING UNIVERSITY PRESS

图书在版编目(CIP)数据

幸福意志:生活与心理学随笔/郑希耕 著.—北京:北京大学出版社,2006.12

(大家学术随笔书系)

ISBN 978-7-301-10417-0

Ⅰ.幸… Ⅱ.郑… Ⅲ.人本心理学－文集 Ⅳ.B84-53

中国版本图书馆 CIP 数据核字(2006)第 156381 号

书　　　名:幸福意志——生活与心理学随笔
著作责任者:郑希耕　著
策 划 组 稿:王炜烨
责 任 编 辑:王炜烨
标 准 书 号:ISBN 978-7-301-10417-0/G · 2028
出 版 发 行:北京大学出版社
地　　　址:北京市海淀区成府路 205 号　100871
网　　　址:http://www.pup.cn　电子信箱:zpup@pup.pku.edu.cn
电　　　话:邮购部 62752015　发行部 62750672　编辑部 62750673
　　　　　　出版部 62754962
印　刷　者:涿州市星河印刷有限公司
经　销　者:新华书店
　　　　　　787 毫米×1092 毫米　16 开本　16 印张　210 千字
　　　　　　2006 年 12 月第 1 版　2007 年 11 月第 2 次印刷
定　　　价:31.00 元

未经许可,不得以任何方式复制或抄袭本书之部分或全部内容。

版权所有,侵权必究

举报电话:(010)62752024　电子信箱:fd@pup.pku.edu.cn

>>> 目 录

001　第一编　关怀与沉吟

025　第二编　理想与功利

049　第三编　女人与恋爱

073　第四编　幸福与快乐

125　第五编　灵魂真实

163　第六编　人的符号性

213　第七编　戏谑与玩耍

247　我缘何写作（代后记）

第一编　关怀与沉吟

>>> 幸福意志 >>>　幸福意志 >>>　幸福意志

>>> 下山的艰难

　　人生之旅大抵可以分成两个阶段：一是"成长"的阶段，二是"死亡"的阶段。它们大抵指人的由小长大和从成熟走向衰老。人还在成长的时候，通常不会受到衰老与死亡必将来临的袭击，这种感受类似一种"永生"的幻觉。在这种幻觉之下，人只能"知道"衰老和死亡这件事"作为事实"的存在，却不可能真正从机体层面感受到这一点，原因是他无法产生与衰老和死亡相关的情绪体验。上山的人在上山的途中往往就会考虑到下山的艰难，这通常是因为他要从原路返回。人生不能从原路返回，而只能翻到山的另一面，而山的背面在上山的时候是看不到的。如此看来，对事物的真正感知，不可能来自知识，只能来自体验。孩子缺的就是这一点，此如同他们在十五六岁时，和你谈及所谓"人生的意义"。孩子十五六岁和你谈到的人生意义和成人谈到的生命意义两者差别何在呢？在我看来，前者关诸"我"要成为什么样的人和于此的迷惑。后者关诸成为了我想成为的人，又会怎样。换言之，孩子觉得我"成为我要成为的人"是终极目的；后者却在此后，发现了人生全新的旅程。在这种意义上，踏上人生全新旅程的人，同样是新生儿，并注定没有父母将我们带大。它是人生的另一番责任。本书讲的是一些与此有关的事情。

>>> 《呼啸山庄》插图

>>> 大自然的力量

看一个真正的卡通画片有时会让人出神,在此中人似乎会陷入一种生命与生命间的幻想,并因此产生一种神秘的交流。有趣的是,在多数情况下,你和"真人"扮演的卡通则似乎难以产生这种交流,它让你缺了一种"真相感",你会感到那个"扮演者"脱了"服装"会和你一样急着赶往菜市场,说不定你还会在那儿碰到他。这让我体会到了为什么大自然高深莫测,具有伟力。从某种意义上讲,大自然的力量也许从根本上来自它的沉默,这种永恒的沉默使人类的幻想难以被击破。此所谓诗人海子在他的诗歌中写下的:"天空一无所有,为何给我安慰;大地一无所有,为何给我安慰。"为什么"一无所有"的东西倒能给人安慰,"什么都有"的反而不行呢?其原因在我看来是,从本性上看,人需要接触那些具有永恒性的事物,例如天空与大地。换言之,短暂与变幻,尽管丰富繁杂,却似乎让人触摸到某些本质上的无意义感。于此,大自然恒久的沉默便可以让心灵的触角探及到某些生命的根基。

>>> 沉默的种群

关于人需要接触些具有永恒性的事物的这种内在冲动,还有些可说。实际上这一点百姓是有体会的,比如不少人会跑到各式的展览馆去看画展之类的东西。有一种摄影作品会让人内心产生触动,比如天空下大量的人群,黑压压的一片。这种时候,恰恰是那种让人完全不知道"谁是谁"的状态,会让你产生某种"审美感"。它令人怀想,想到人类的由来，想到这一族类与世界的关系，想到每张各异面孔之下的作为"人"的某种共同的"本体性"。换言之，它可以让你从感觉中体会到一些和"自我本质"有关的东西。在这种时候，你要是弄上个照片，一万个人走在一堆儿，张三你也认识，李四、王五你都认识，这就有点要命，你甚至会感到烦躁与厌恶，因为你和王五可能不够对付，和李四还要笑脸相迎。实际上我的意思是说，人对自我及族类的意识，是人性深处的一种"符号性"需要，而显然我上面说到的那种什么事都知道、什么人都认识的状态，让你意识到的便不是族类，是邻居是熟人。既已常见面，你就会想躲在家里不想见，决不会再跑到美术馆去见，这烦死了。

>>> 不聪明的出版者

出版者通常低估普通百姓对哲学的需要，我显然不能认为他们具有洞察力。买哲学书的人有两种，一种人仔细阅读，从中读出些思想附着在自己的灵魂之上。在行为上他们通常是一页一页地读，一行一行地读，加之沉思品味。另一类人喜欢翻看这类书，眼睛盯住某些生啊、死啊、存在啊之类的概念，尽管不曾仔细阅读，也无法读懂，但眼睛却像扎进鱼肉中的刺一样紧紧盯住不放。从行为上看，他们喜欢不住地扑啦扑啦地翻这类书，就像书中夹着的书签早已失散，而他又不相信。我可能真正想对出版者说的是，他们看不懂没关系，因为有很多人想买回家去从里面往外"翻东西"，尽管他们并不知道要找的东西是什么。这种人很多，因此这种书也不愁卖不出去。套用一个心理学中关于神经症研究的说法：前者读书，目的在求其灵魂的改变与超度，他们在"生活之内"生活。后者读书，目的在于减轻他们关于生活的焦虑，他们生活在"生活之外"。

>>> 机关枪与好吃的

你有机关枪,而我有好吃的,不能因为你强塞给我了机关枪,我就要给你好吃的,尽管这两者从价值上看可能是平等的。实际上,我要说的是,"价值平等"却不见得"伦理公正",这要考虑人的意志与尊严。在此我指的是"你用机关枪来换我的好吃的,但我可以不想和你换"。果真如是,我们便能理解,为什么我们在做了"平等"的交易后还要说"谢谢",就像我们在公共汽车上已经花了钱买票,拿到票后还要说声"谢谢"一样。从这种意义上看,真正的"公正"应该考虑人的意志与尊严,这是"人"的世界与"物"的世界的不同。

>>> 直白与默契

友人说我写的文字不够直白,有些绕弯儿,不好读。开始我似乎一下子被友人的话"绕住"了,定神思忖后我发现,友人对我的说词,还是有一点不大对。直白指的是,"我爱你,作为一个男人我想和你上床,或者不上床也很好,因为我能实现'精神射精'(心理学概念,指可以减轻性焦虑的某种极至的精神满足)。或者上床也很好,这样可以实现灵魂与肉体的统一。当然,我也并不会只为自己着想,我会尽量让你实现性满足,因为我知道,不为你带来性满足,我自己也很难实现性满足"。上述话语,尽管直白而准确,却有些不忍卒读,也因为此,我很难讲出直白的话。更为重要的是,我认为上述的直白是可耻的。于某些人来讲,他们更愿意用沉默解读心灵,用怀想唤醒怀想,在心灵所能表白的怅惘与期待中,感受到某种共同的悸动。于我,理解的最高境界便是对默契的无节制纵容。如此想来,我写的东西已经够直白的了,原因是我期待着能够得到高水平的理解,而不只是出几本书并大量卖出。

>>> 丫鬟与文学

直白和直白是不一致的,比如一个丫鬟不想让老爷把她许配给某男子,直白就是丫鬟说"我不愿意呀,我的大老爷"。这话肯定直白,但话虽直白,意思却不直白,原因是这句话反映出了这个小丫头极有特点的鲜活个性。你想,让一个从生物本性上看必然有些羞怯的青春女孩,直接讲出如此直白的话,这里面有着多么复杂的心理过程和让人玩味的地方。它唤醒人的想象力,使每个读者对此都可以进行独特的描绘,使人物形象跃然纸上甚至再生。在这种时候,如果我们去描述女孩怎么一低头一抹辫子,你不觉得乏味透顶吗?我们社会中所谓直白、质朴的文字中有多少像上述小丫鬟一样的既直白而又值得玩味的东西呢?

>>> 笑出声来

有人说人是欲望的动物,在很大程度上,确实如此。但是欲望的世界却不足以让人快乐,原因是在这个世界中,只有欲望的实现才会让人快乐,欲望的不实现不仅不关诸快乐,反而关诸痛苦,如是,欲望的世界变得倾轧,变得痛苦和欢乐都很多,甚至痛苦比欢乐还要多。在这种意义上,人有两个世界,并且人只有两个世界:一个是欲望的世界,另一个是幽默的世界。幽默的世界之所以能够成为一个和"欲望世界"相互独立的完整世界,在于这一世界已变得和"欲望"全然无关,却足以为人们提供新奇与有趣的快乐。想来,这是诸多"大家"从来重视"幽默"这一高度创造性的世界的缘由。幽默感很重要,它让大家快乐,也让自己快乐。大家都不在身边的时候,一个人走在路上他也会"扑哧"一下笑出声来,这像个精神病,难怪被欲望世界中的人所不理解。

>>> 自恋是宗教的代用品

我把自己写的这本小书给出版社的一位编辑看,敏锐的编辑提了一些意见,讲得很好不必细说。只说一条,编辑说我的文字"有些自恋"。这一评价让我哑然失笑,原因是她说的还真的有些"对"。事实上,我们时代的文字确实较其他时代更为自恋,这也让我不由自主地流露了出来。自恋的核心意义在于对自我不同一般的强调,甚至等不及别人说,自己就明示或暗示了出来,其原因在于他异常需要对"自我独特性"及其"价值"的意识,否则在社会中,便会有一种自我消融的虚无感,自然也无法产生"生活的意义感"。问题是,同样是消融在背景中,如果我是"全运会"开幕式背景中的一个看不见的"小人头"挥动着黄手绢呢,我就不会有消融感与无力感,倒是有了融入集体的光荣感与力量感,在这里起作用的东西是"集体",有了这种"集体",也就有了我自己,甚至有了更为强大的自己。可惜的是,在现时代的灵魂生活中,我们精神上的集体不容易找到了,遂自恋成了缺乏信仰的社会中一种宗教的代用品。

>>> 揪住你的头，看我

某学府的作者写了本大厚书，作者像上镶了个"大金牙"的像框，代表著作具有"巨型"意义，而我理解的"巨型"通常不指书而指炸弹，但或许就是作者的本意。序言中大讲其辛酸奋斗史，这一点不去看我也能够猜到，肯定是从什么小山村捡牛粪背柴禾之类，一直到某洋国著名大学读书，再到国际专职等，并严苛地分析了自我的"野心"和"野心"背后的信念与崇高之类，写得非常之长。这让我感到厌烦，因为你基本上是在揪住我的头来关注你及你的重要（心理学把此叫做"自恋"）。在我看来，真正的好书应该只说我关心的事，而不过多地说及"我"怎么样。如果你也关心我说的事，那我们就一起聊聊，毕竟是个"伴儿"，这就叫平等与尊重。我的一个朋友买了大厚书，实在无法忍受，就把"大金牙"的那一页给裁下去了。序实在没办法全部弄掉，因为页码太多了。

>>> 人是风景本身

我二十几岁时，喜欢读周国平老师的散文和随笔等书，周老师的书，对那个没有长大的我，有很大影响。长大后，对周老师的著作便不太喜欢了。原因是觉得那些旧有的话题已经重复得太多，比如理想，比如真性情，比如自救，比如淡泊少年。在长大的我看来，"理想"问题谈得太多，大概其代表一个人并没能十足地在理想中生活，自救问题谈得太多，会给人一种感觉，就是"自救"还没有"救出来"。事实是，"救出来之后"，比如从井里，那么人大概其应该想到干点其他什么事情，例如去跳上一些舞蹈。在这种意义上，思考与写作，像是使我们成为我们想成为的那种人，生活于我们想要的那种生活中的劳作。实现了这一目标，那么人似乎就成为美好的"风景本身"。自从一个人成为了真正的风景,那么通常的情况会是,它只矗立,偶尔才"言说"(我把它叫做"思想的流露"),或者话语不多。还有就是,为什么只有"淡泊少年"才是好的呢?为什么总要做那个"淡泊少年"呢?我有些想不通。我相信的是,淡泊的中年、淡泊的老者,也是好的,甚或更为自然,因为年龄已经到了。

>>> 真理与鲤鱼

好像心理学家 Otto Rank 说过一句话,大意是我们应该坐下来认真读书和仔细思考,原因是现在世上的学识与真理太多了,以至于我们都来不及思考和消化它们。此话赋有洞察力。真理的作用在于其在人们的心灵深处发生影响,否则真理无益。某种意义上,"创造真理"关诸人生解不开的问题,关诸倾轧与焦虑;与此相应,"体悟真理"才既明达又贤淑。原因是他在其中享受着人类精神世界的开悟和澄明。我因此佩服那些安心读书而不急于写作的人。我们发现的"真理"多得我们自己都来不及体悟,可见我们需要"通过写作"来解决的自我问题过于繁杂而急迫。一个例子是我们忙不迭地创造很多大部头的"学术著作",甚至连一本书的内容都来不及仔细斟酌。从小学数学来看,或许三条大而无当的道理,便可以顶得上一条真理,这多出的"两条",让我想起了菜市场上的鲤鱼。

>>> 窥视的欲望

有人讲心理学家有窥视癖,而作为科学家,又不能直接窥视别人的生活,所以"窥视的癖好"便转化为"观察的癖好",而这二者实在没有什么本质上不同。这一点击中了心理学家的要害,他们拿别人的心灵生活捏拿、把玩不已。解构主义者完全可以把此看作是"窥淫癖"(性变态中的一种)。仔细想来,说心理学家就是"窥淫癖"并不完全正确。原因是,心理学家作为观察者,其对人类心灵的观察增进了人类对于自身的理解,我们的社会对他们"窥视"到的东西是需要的。而这一点"窥淫癖"则做不到。这种差别是本质的。对于"窥淫者"来讲,他没有增进人类对自身的了解,而只是增进了自身对人类的了解。

>>> 陌生的丛林

我喜欢走入陌生的丛林,却不喜欢把它化归我的果园。它的自由成就了它的生命,它自由的生命成就了我灵魂的一种需要。就像陌生的丛林有它荒芜而贴近的属于自己的家,尽管我亲爱它,正因为我亲爱它,所以我决不想让它在我的家中长住。我只愿它在它自己的家中,或寂寞,或舒展,或牵挂。我这样理解尊重。

>>> 闹钟与漂亮姑娘

前些天买了个小闹钟,非常漂亮。三个指针,一个橘皮黄,一个古怪的菜心儿绿,一个长了个黑亮色的小獠牙。我不禁脱口而出:"多好看呀,像个漂亮姑娘。"不知不觉间,可能很有些时日,我总会把看到的一些美好的事物比成漂亮姑娘,而那些东西却压根儿与人无关。前几天在餐馆中点的一道菜,我都舍不得吃了,原因也是那道菜做得太漂亮了,又大气,又干净,色泽充满温情,这也让我脱口而出:"哇,像个漂亮姑娘。"也许我在文学上是拙劣的,凡事只会用这种粗浅的比喻,但或许,这种拙劣本身就是美好的。在这种意义上,"美好"不是词藻与巧智,而是体验。体验具有终极性。比如,当你体验到那些美好的事物"就像个漂亮姑娘"时,这种体验已成为目的本身,它温柔你的眼神,使你成为爱的行动者。

>>> 荒 唐

从某种意义上讲,这个世界上唯一只能由别人认可和评价你,而你却决不可能"拥有"的东西就是"荒唐的人生"。人生怎么可能是荒唐的呢?"荒唐"的评价只能来自别人,因为他们无法理解,在你荒唐的时月里,生命中所蕴涵的于你自身的真实的激情。"荒唐感"还可以来自对自我生命的回顾,但它只证明了一件事,"现在的你"已是另外一个人,而"原来的你"却从未荒唐过。

>>> 自我与创造

人是在什么时候长大的呢?于此肯定有好多说法。在这一点上,人生可能在生命中的某个瞬间,便出现了巨大的转折。就像我们小时候,看到琳琅满目的商品,只会花父母的钱去买,买回后来享用,丝毫不会觉得这些东西是和我们一样的别人创造出来的,并自问我们自己是不是也能创造出来。随着我们的成长,当某一天我们站在商店的橱窗前,对自我产生关于"创造"的自问时,我们便真的长大了,因为和自我关系最为密切的不是享受而是创造。广义上看,"创造"是人的本性,谁都逃脱不了,它体现在生活的任何一个方面。创造所谓"人生意义"自不必提,即使是在普通的人际关系上也是如此。"创造"不了对别人的"好",不能够让别人高兴,通常就会"创造"对别人的"坏",让别人不高兴。在这一点上他们很难做到"中性"。心理学研究表明,那些长时间之内和周边所有人都"既不好也不坏"的人,内心存在着广泛的压抑。

>>> 关键的转变

　　从心理发展上看,对人影响最大的心理上的转变,并不是受伤害的经历使人难以相信世界的善意,而是这种受伤害的经历,率先使他对伤害性事件变得敏感。这样的人生尖锐而刺痛,并且由于这种尖锐和刺痛的可能性,使他完全不敢走入生活。心理学有证据表明,一个不敢走入生活的人,会把来自自我的伤害等同于生活的伤害。在同样的意义上,重要的也许并不是幸福的经历使人对世界的灰色变得不再敏感,而是这种温暖的经历,能够率先使人感受到别人的"好",他们甚至事先就愿意把别人往"好"了想。重要的是,后者的状态,在使人"走入生活"的同时,可以开掘出生活的积极与光明,于此我指你对别人好,别人就会对你好,其本身存有"创造"的内涵。附带说一句,上述两种心理反应,都是心理学中所谓"选择性加工"所指,其本质都是一种不全面、不客观的反应方式。重要的是,同样是对世界本质的"曲解",前者使人一生不幸,后者却使人幸福一生。人生的幸福存在偶然性。

>>> 恭维与自欺欺人

被恭维的好处是让人觉得快乐,但其不足是难以给人带来价值上真正的安全感(或者叫做"真正的尊重"),因为你知道对方是在恭维你,而他心里却不见得真正那么想。在心理学上,我们把"恭维"叫做一个人"真正价值感"的"替代性满足"。因为这种满足是替代性的,不能肯定就是你想要的那个东西本身,因此你会老是觉得,生活中好像还缺少些什么"更为本质的东西"。这一点就像孩子要苹果,你却只给他一个梨,尽管也是个水果,但孩子心中似乎会体会到一种隐隐的缺憾。在这种意义上你会看到,被恭维的人似乎终其一生永远喜欢被恭维,他们对此永远"没够",原因便不再难以理解。"恭维"如果太少,会使人对"好话的恭维性"产生疑虑。而"恭维"多起来以后,似乎可以增加点"真实感",好像自己真的"很不错"一样。这一点不复杂,它如同"相信谎话"也不是件容易的事儿,需要说上一千遍以上。

>>> 智 者

我们经常能听到,耄耋老人会以一个智者的身份来谈及所谓"人生的真谛",仿佛人世间有着一种深刻而稀少的真理,只有我们穷尽人生才能获得,甚至穷尽人生也不容易获得。于是某些老人成为智者,于是某些青年开始了漫长的追求。实际上从某种意义上讲,真理并不稀少甚至俯拾即是,只是有些真理目前并不属于你,甚至终生都不会属于你,因为你做不到应用它们来抚慰你的心灵。

>>> 灵性与感官

只有懂得欣赏美才能使美的东西产生价值,否则这份"美"就等于白白糟蹋了。这适合高跟鞋,也适合谈恋爱。在心理学上,它叫做"价值增值"。这话有些复杂。简单地说,高跟鞋的价值,只有在那些能够感受到高跟鞋的"好"的人心中,才有意义。同样,它还指有"仪式感"的女人不应该嫁给毫无"仪式感"的男人,而长一双美脚的女人,如果不想糟蹋东西,则异常不应该和那些毫无恋脚心态的人混在一起。否则美脚白长了,高跟鞋白穿了,你弄了半天仪式,人家不知道你忙什么呢。在这种意义上,灵性的感官,心态的感官,具有重要意义。否则的话,珠峰登顶又意义何在呢?最多只会成为比别人攀得高。比别人攀得高有什么意思呀,其本质和比别人吃得多无异。如此看来,如果说"创造"的本意是价值的创造,那么内心中某种灵性的情感状态及其教育与培养,无疑是一种创造性的东西,它使你能够"解"人世间那些真正的风情,比如一个缺乏皮囊价值的女性其内心的光华,再比如珠峰登顶。

>>> "芭比娃娃"与"史努比"

如果孩子有一个小小的愿望,比如山楂棒和跳跳糖,比如芭比娃娃,比如史努比,我们总是不愿意辜负他们的愿望。妈妈出差在外,不管工作多忙,都会记着孩子的这件事,一旦要是忘了,甚至在"赶车"前,还会在车站上慌了神一样地跑来跑去,直到把东西买到,再气喘吁吁地上车。辜负了孩子的愿望,大人可能会内疚很久,甚或孩子都忘记了,大人却始终会记得孩子"小脸儿"上失望的表情。我相信这种经历,很多家长都有过。在我看来,我们忘记了给孩子带那些我们说好了要给他们带的东西,与其其说我们是爱孩子的,不愿意让孩子伤心,与其说不愿意让孩子看到做爸爸妈妈的"说话不算数"之类,无宁说是我们的机体存在着一种微妙而强烈的感觉,我们为此感到心痛、难过与后悔。它指我们本来可以并不困难地在一个下午,就创造一个"完满的世界"(它指孩子简单要求的满足和发自内心的全然的快乐),但却由于我们简单的过失,我们亲手破坏了它。于此,我指我们都知道的,那种纯醉于内心的"完美时刻",在成人生活中,已不见多时了。

>>> 小小的愿望

>>> 无价之宝

"天价"指很贵,比天价还要高的大概其像"无价",也就是我们平时所说的"无价之宝"。实际上,形容一个东西价值极高,你说它"无价"是不够准确的。在价格领域,用"无价"是去评价"价值",完全是个悖论,因为"无价"和"价值"全然无关。经济学中讲到,价值和交换有关,因此和交换无关的东西都"无价"。在这种意义上,我以为,一个人要幸福,通常得有些宝贝,自己喜欢异常,但是完全和交换无关,和别人无关,完全可以成为别人眼中的一些"狗屁"玩意儿。这些人幸福的原因在于,他们有着只属于自己的"无价之宝"。仔细观察,我们会发现,幸福的人有些不值钱的破东西。相反,不幸的人的宝贝通常都值些钱。关于不值钱的"破玩意儿"可以使人幸福,我能够想到的例子有三:一是并不成功的人的自爱,二是家有丑妻,三是我长期积累写作出的十数年未发表的诗歌。它们是我生命中的无价之宝。

>>> 有爱,什么都行

和80岁的老母亲住在一起,温暖祥和。人老了真是一年一个样。这想起来不免让人感到悲哀。妈妈为什么和去年相比,耳朵在一年之内就聋得这么厉害呢。我问她说"你洗好了"(洗澡),我还得大声说,她认真地回话说"不冷"。我说"你赶快把衣服穿好了",她说"灯关好了"。这些都无所谓,只要能和妈妈在一起,她怎么想怎么说都行。妈妈也是一样,什么事也都随着我,不论说个什么事,都是一个"行"字。实际上,这些都是为了让对方快乐,并因此自己也变得幸福。白天干活挣了点钱,我就很高兴,晚上要带着她出去吃饭,她一副高兴的样子。为了节省打车的钱(她腿脚不好坐不了公交车),我还得骑自行车带着她(这样可以省20块钱),要骑近20分钟才能到亚运村一家好一点的饭馆。这倒不要紧,我是高兴的。我知道她耳朵不好,走近她说:"知道吗,去亚运村吃饭骑车去有点丢人。"妈妈扬起头笑着对我说:"行。"她可能以为我是在说其他的什么,所以也说了个"行",差点没把我乐死。实际上,也可能真的什么都是"行"的,只要互爱的人在一起。

>>> 牺牲(珂勒惠支 作)

>>> 不冷的被子

关于妈妈耳朵聋,还有些故事。也真是怪了,不知从什么时候起,老太太只要什么话听不清楚,就会回答个"不冷"。今天和她外出,因为要上个台阶,只有让她下了轮椅。我说"慢点,你别着急"。她冲我点点头,又说了句"不冷"。怎么搞的,最近好像和"不冷"干上了。想来想去,这也可能和每一天,她都早早地上了床休息,我总是走到床边儿大声地问她"冷吗",然后她说"不冷"有关。此外我还想到,或许这其中还有些深层原因。我是说,因为过去太穷了,很可能冷暖的问题,成了生活中的重要问题,成了孩子的重要问题。我这样认为并不是很徒然。因为我想起,好像从我到外地上大学开始,妈妈就总是给我做被子,结婚的时候也做,反正不管怎样,每来个北京就会又做一床被子带来,并且每次都有一堆的理由。理由我也记不住,总之就是不断地证明这很需要的,是我不懂事等等,搞得我现在家里到处都是被子,很不方便,还舍不得扔,收拾屋子的时候只有搬过来搬过去,这要把我烦死了。这种时候,妈妈会说到"唉,这回够了"。

>>> "三十年"的意义

女人爱安排事情——家里的事情。这是女人的天性,是上帝的意志。女人是生命的守护神。妈妈老了,就尤其爱安排事情。这其中之一是指,她告诉我她和父亲一辈子攒了多少钱,现在除了给自己要留下一些看病外(父亲三年前去世了),其余的要分给我们三个孩子。这种钱我从来不要。于此类事情我不太愿意用脑子,我没时间想这个。钱肯定是，就两个字，"不要"。她说她对我"既有意见又伤心"，她还伤心了。今天我正在工作时，这件事再次被80岁的老太太提起，一并坐在那絮絮叨叨。说什么钱还不能提前取出来，否则利息会损失之类。我听清了的是，钱是1977年的国库券，到2007年正好到期。这回是我听了之后伤心了，原因是我知道了"30年"，那时我不到9岁。其实我原来只知道"不要"，并不知道"30年"。现在或许和其有关的原因获得了浮现，尽管这原因是否浮现对我没有意义。1977年，这很有趣，它让我理解了我和现在的年轻人不太知道说些什么的原因，原因是那时他们还没有出生。这种"出生"像新生儿的肉体，也像青年还没有"长全"的心灵。

>>> 才艺展示

  人最可贵的是心灵自由，而不是才能与才艺，比如会写诗歌，会写小说，口才不错，或者屁股扭得好看。在我看来，有才艺是好事，但是你不要觉得你有才艺，用你的这些东西就什么都可以得到并且理直气壮，后者是商业。实际上，我的意思是说，你可以有才艺，但你同时还要有精神自由。如果你憋着要用这些才艺去"换得"你想要的东西，而没有这些东西就不行，你就会丧失精神自由。当你丧失了精神自由，作为人，也就没什么价值了。别人会看不起你，即使你真的有才艺，也没有用。于此，搞对象就这样，比如姑娘一漂亮，便会激起你"展示才艺"的冲动，但你无论如何不能说"你先坐那，我给你来个才艺展示"。这不仅不妥，对象也搞不成，人家会说"真恶心"。在这种意义上，敏捷之士会在内心形成这样一种"精神自由"性质的态度，就是"我爱你"，它真实同时强大，但与此同时，"我可以没有你"。需要补充的是，上述的"爱"并不狭义，我指工作、生活等等一切事情；同时，上述敏捷的态度，注定频遭愚钝者的误解。

>>> 罗罗嗦嗦

生活中我是个罗罗嗦嗦的人,比如对我的学生。原因是她要做基础研究实验。这种时候我会把那些我认为重要的事情,一遍一遍地告诉她,翻过来掉过去地和她说,否则我就担心她干不好,因为她刚读研究生一年级,没有基础研究的经验。在我的看法中,重要的事情一定要做"对",否则结果会很坏,于此多强调没坏处。为此,我不惜牺牲自己,让我的学生认为,这破老师就知道那么点东西,一遍一遍地说。实际上我真正的意思是想说,在我写书的时候,我就倾向于最高的简洁。说完就完,决不翻过来掉过去。其原因在我看来是,人从事创造,他最终希望的是自己的作品能够获得别人的"承认",而最好的"承认"是别人在"简言赅意"下深度的认同。罗罗嗦嗦叫什么呢?想证明你好,证明你是对的?于此,你无论如何不能吹一个哨子,把大家集合起来。最恶心的事情在于集合后,还有人"走神儿"。它也像追求所谓"掷地有声",你让我"掷"几声。

>>> 杂草与国民性

对中国的国民性充满忧患意识,对民族劣根性哀其不幸,怒其不争的人,会说中国人生存的感觉像杂草,有些乱七八糟,为什么会这样。实际上在此我想说的是,杂草之所以只能生为个杂草,其原因在于杂草的命运太不容易了,能长出来能活着就不错了,因此它的全部精力便也只能是在那"挣巴",逮着个机会就决不能放过,好不容易"挣巴"着一点地儿,还要在那儿挤来挤去,生怕别人挤着自己,抽个冷子还得往上能蹿几寸蹿几寸,因此长得个杂乱无章,鸡飞狗跳完全在理解之中。杂草的这种生长的感觉确实有些像中国人,它指人太多,而资源又有限,怎么办呢?只有脱颖而出吧,一旦动机太强,一慌乱,脸一红,自己跺着了脚后跟,就容易长成杂草。杂草的心灵也像人类的胳膊肘,胳膊肘的作用本来是自由摇摆,它安闲适意,它美好动人,是个雅致而和谐的天性中的规范。但地方要是小,胳膊肘无意之中便容易横起来,胳膊肘一横起来,也就容易面目狰狞。大街上争抢点什么东西,这情形常见。

>>> 心闲气定

  关于杂草还有的可说。实际上杂草在草与草之间是相当不同的,每一根都不同,但我们却从不会说起每一根杂草都生得很有个性。如此,那些称中国人的生存感觉像杂草的人,从不见谈起中国人生得很有个性,可见个性这东西完全不是以"不同"来定义的。为什么每一根不同的杂草不能被称为"有自己的个性"呢?其原因在我看来依然是,杂草能长出来,能活着就已经很不错了。为了活得好点儿,还得不住地在那儿跟别人挤,不断伸张自己的正义。它神不定气不闲,它气气鼓鼓,既惶惑又不甘。杂草的"杂"字来源于此,各揣各的慌张心思,且内心起急。如果再解释一句,就是杂草为什么显得没个性呢?实际上,从那种生存感觉上来看,一根根不同的杂草,尽管有着不同,但其不同的个性却远远少于它们那种苟且而挣扎着的共性。

>>> 思念的力量

心理学在讲到人在幼年期发展中"安全感"的重要性时,会举下面的例子。说是小的时候,如果妈妈不在身边,我们会胆小会紧张,甚至去玩些什么都会玩不进去。而妈妈要是在身边,事情就完全不同。这个时候,我们会玩得很投入、很放心,只要妈妈在我们视线可及的范围之内温柔地看着我们。一旦遇到什么危险,一闪身我们就可以躲到妈妈的身后,这像个军棋中的"行营",还有着温暖的体温。在心理学家看来,这种是否能够安心的感觉,甚至可以成为衡量一个孩子到底有着多大程度上的"安全感"的一个指标。于此,我们会说,这是一种类似"猴皮筋"的感觉。身后的妈妈并没有真的用猴皮筋拴着我,但我们心中那根"感情的猴皮筋"却让我们能够放心地喜欢这个世界。在这种意义上,我相信"思念"是一种力量,"思念"是那根猴皮筋的最远端,远到天涯海角,远到看不见,但它却使我们在形单影只中,被温暖所包绕。

第二编　理想与功利

>>> *签名* 幸福意志>>>　幸福意志>>>　幸福意志

>>> 关于理想主义的严重误解

说一个人为了实现自己的理想,不屈不挠地去努力,我们能说这个人的只是,这个人有理想,还可以说他任性,却不能说他是理想主义者,否则社会上理想主义者就太多了,包括科学家、作家、商人,单凭这一点,又怎能把屡教不改的小偷排除在外呢?甚至还包括色情狂,包括倔强的莺儿与张生。在我看来,真正的理想主义者是那些人,他们有一个至高的理想,如果实现不了自己的理想,那么等而下之的生活他就不要了,甚至命都不要了。这是唯一的标准而无他。有一个要一个,有了更好的,再要更好的,那不叫理想主义者,叫功利主义者,叫现实主义者,叫拣高枝儿飞,叫贪心不足蛇吞象。

>>> 理想主义与性幻想

理想主义者热爱幻想,包括性幻想,只排除和面前的人"做爱"而心中却想着别人的性幻想,这一点是区分理想主义者和功利主义者的一个试金石。理想主义者的性幻想产生于性爱之前，其目的是为了实现其性理想。而上述和"当前的人"做爱而心中却想着"其他人"的性幻想，恰恰破坏他的性理想，让他感到自己的理想正在被自己糟蹋在即，所以这于他完全不可能，即便这种"想象"增加了自身的性快感。在这种意义上，理想主义者的做爱是纯洁的，他决不用乌七八糟的"快感"来玷污自己的理想，这样的快感他宁愿不要。在同样的意义上，和理想主义者做爱的女人是幸福的，因为他的每一次性爱都是真实的，都是真实理想的实现。

>>> 决不倒下的理想主义者

如果理想主义者是这样一种人，他为了实现自己的理想，不是自己理想的东西他就不要了，那么通常的结果有两种：一种是他终生都没有实现自己的理想，成为一个彻头彻尾的失败者。二是即使他在生活境遇中，一次半次地实现了自己的理想，那么他便会激荡、狂喜，激发出彻底的生命激情，这可以叫做"我愿不惜代价，只要完美一下"（郑钧语）。即使在狭义的"性交往"意义上，我们也不难看到，理想主义者要么缺乏实现理想的机会，一辈子没有找到自己理想的女人，要么可能会偶遇，但可以肯定的是他决不会倒下。在这种意义上，倒下的总是那些功利主义者，为了生存上的好处而放弃理想。用心理学的话来讲，人可以异化，屈服于功利，但却是有良心的。

>>> 理想主义与婚外恋

　　理想主义者通常气宇轩昂,原因在于他彻头彻尾,拼了命也要如此。换言之,为了他的理想,他很投入。这种慷慨昂扬的状态,只除去一件事情,就是婚外恋。为什么这么说呢?原因同样在于他很投入。理想主义者这种投入的状态,在婚外直书胸臆,表露无疑,由表及里,无时无刻。因此在家里,突然间让对方闻到了点什么相关的东西,他就会有些缓不过神来,原因是此时此刻他正在投入地感受着他的爱情。如是,理想主义者的婚外恋便容易慌张,也易暴露。这自然。可不吗,上述就叫一惊一乍。实际上,我真正想说的是,"恋"的核心特点就在于持续的"投入",包括事前事后,甚至无时无刻,它不可能只是一会儿,后者是"性"。因此,那些能够以异常沉稳的心态进行婚外恋,并可以坦然面对的人,我以为他们并非在搞婚外恋,而只是婚外性,难怪不慌张,因为事情已经处理完了。

>>> 理想主义与机体反应

　　理想主义者肯定混得不好,原因是不符合他至高理想的东西,动辄他就不要了,于此他不管不顾。这一点有些像那些自身条件并不差的人,四十好几岁还没有找到让他感到 exciting(激动)的"对象"。那么长时间以来,他都在干什么呢?实际上,是他自己放弃了不少在别人看来"还不错",而在他看来却有些"中规中矩"的机会使然。在某种意义上,只有放弃那些他并不真正想要的东西,他才能在内心保有真正的属于自我"理想"的那一价值,而通过此,去为自己"真正的理想"腾出最大、最丰满、最热烈的空间。这让我想起了某些挥斥方遒的年轻人的所谓"小钱不挣"。只有"小钱不挣",只有穷得连"小钱都没有",才能让他在想象"挣就挣笔大的",或是在真正挣了笔大钱后,产生极大的快感。遂说到底,理想主义是一种机体反应。

>>> 躺在床上

如果"小钱不挣者"具有理想主义气质,那么理想主义者肯定具有孩子气。这让我想到孩子等着晚上的好饭吃,中午宁愿饿上一顿。他一下午饿得够呛,晚上吃得可真香呀。孩子吃得又香又多,把自己的肚皮撑得太大了,躺在床上不会动,这是所谓"痛快"源自"痛而后快",这种"痛而后快"的快乐成就了美丽而极至的体验。孩子的那种"痛而后快"的快乐,你根本无法懂,因为你在"下午"偷吃了不少东西,这大概其指现实中你所不能放弃的"功利"和"好处"。孩子的快乐,你能做的,也只能是嫉妒。这种快乐从来不会属于你,因为你从不为了理想,付出"孩子式"的代价。

>>> 大狗小狗都要叫

魔术是我要的而不是别人,尽管我要的魔术远不及魔术师耍的高明。然而不能因为人家的魔术耍得高明,我就不去耍我的魔术,就像不能因为大狗在叫而小狗就不去叫。大狗小狗都要叫,这是使命。我的浅陋的魔术较之别人高明的魔术于我有着不同的意义,后者与功利有关,而前者与情感有关。我这样理解我粗陋的写作。

>>> 精神财富

从小到大,人到底自己能够做出哪些事情,我们自己是不容易知道的。正是由于这一原因,所以个体才很容易在困难面前畏惧和退缩。换句话说,他的潜能,他自己是不知道的。在这种意义上,只有"有人"登上了珠峰,我们才能知道"人是可以登上珠峰的",否则面对珠峰,我们就会畏缩,因为它太高了。如此,人类的某些"物质活动"才有可能被我们视为所谓"精神财富"。其原因在于这些活动向人们昭示与证明了,经过人们的努力,人是有能力做成在此之前,他不知道自己是否能够"做成"的事情,进而对人类自身产生自信。这一点也像百米赛跑,"九秒钟"和"十秒钟"完全没有什么生活中的实际意义,它的意义只能是人类精神上的自我超越。换言之,它是对人类自身永恒进步的乐观与信心。

>>> 思想家与小店主

先哲曾说过宗教家以贩卖神明为生,而思想者以贩卖思想为生。我想如果宗教家贩卖不出去神明,思想者贩卖不出去思想,他们便不快乐,生活便无以为继的话,他们便不可谓是真正的宗教家和思想者,其本质就是个失意的小店主。思想者和小店主的区别在于:第一,在思想者的行为中,他对"思想本身"有追求、有钟爱,而小店主对"货物"本身谈不到追求和钟爱;第二,如果说两者都需要贩卖给别人的话,那么思想家贩卖思想,其首要追求的是别人的理解和认同。小店主的不同,在于他首要追求的是"换出钱"来。在这种意义上,如果一个花店老板说,"这株花美好而娇嫩,你要不是那'爱花人',我就不卖给你了"。这一点使"花店的小老板"在生活感觉上完全具有思想者的气质,也如同那些所谓"搞思想"的人,可以在全部意义上,就是个庸俗不堪的小店主。

>>> 小孩子的舞蹈

我很喜欢小孩子的舞蹈,因为他们"内心的那份热爱",只是表现给他们自己,而这一点和观众及其反响缺少联系。如果孩子太小,他们尽兴的表现就会有点"发傻"和"糊里糊涂"。孩子们蹦啊跳啊,自己挺高兴,而观众的鼓掌和喝彩她们也未见得就明白是咋回事,这一点尤为可爱。我无法喜欢多数成年人的舞蹈,因为他们的"表现"从各种意义上看,都不太可能和外界没有关系。他对自己"表现得如何"及其反响与结果充满了意识。在这种意义上,"真正成为艺术"的表现,其本质皆源自自我的"投入性表现"。于这一点,道理似乎也不复杂,不投入的时候,人便不能以饱满的热情接触到自我内心中的美好。如是,自然也无法"引领"别人深入到人类内心深处那片光荣的领地,实现其的途径在于人与人之间情感灵性的相互感染,其本质说到底是生物性的。心理学家Carl Rogers所谓"只有当对方真正成为他自己,我们才能够真正成为我们自己"的这句难解的名言,必须做如是观。

>>> 宗教与美

欣赏那些美好的事物,感受它,投入它,把憧憬融入于它并献身于它,这样仿佛就拥有了它,这是"人之为人"的一个重要的心理特点。心理学家Karen Horney讲"把自己融入一种比自己更为强大的力量是一切宗教感的起源"。在这种意义上"美"与"审美"便成为宗教活动中的一种,那种被尼采称为"酒神精神"的东西,这一点甚至包括在爱情中的审美。在爱情中,我们通常不由自主地就会把对方想象得比实际上要"更好一些",甚至会产生某种膜拜感,其原因在于,在对对方"神化"一样的寄托中,实现了自我与更为强大的力量的一种融合与接合,此中性质与宗教完全相同。这是某些敏捷之士之所谓"拿爱情当宗教"的基本缘由,更如同心理学家 Rollo May 之"极言所谓",即使一个嫖客,也要在想象中,赋予那个妓女以某种品格上的优点,以便使这种荒唐的性活动,通过与高于自己的力量的融合,而产生属于"人"的(宗教)意义。

>>> 尼 采

>>> 傻老爷们

我不相信人总是想让自己最美的，这肯定不是人的最高冲动。我们在舞蹈中经常可以看到，一帮子帅气精神的小伙子前后左右地围着个漂亮姑娘来伴舞，其实是在给别人作陪衬，但他们在那又是摇头又是抖肩，那种投入的兴致与崇尚，让人感到非常美。在这种时候，小伙子绝对不会把姑娘拉过来，说"你围着我跳算了"，这没什么意思。重要的是，他想都不会想。他觉得让对方成为天上星星中最明亮的一颗，在最美好的夜晚发出最璀璨的光亮，这就挺好，好到自己都融化到了至美的星空里，这已经成为了他的最高要求。与此相应，在一些歌的编曲中，我们也常会发现婉靓情扬的女声亮丽于高音声部，而在低音声部则是一大帮子男人跟着节奏在那"嘿"呀"嘿"。"嘿"了个大半天，一句歌词都没有。实际上我要说的是，当众人用额头与掌心托起心中的美好，迷醉于那种尽兴、热爱和发疯的感觉时，他决不会要求以自己为中心，如同那帮傻老爷们只会手拉着手，一个劲儿地齐声地在那"嘿"，但即使如此，这个时候，再从舞台上下来，个个满头大汗，还觉得真是那么回事。

>>> 空气中的尊重

你有钱，你是经理、是司长，但是路上的人完全可以看都不看你一眼，这情有可原，因为别人还不认识你。问题是，虽然自己"不招别人看"，但这并不妨碍我们自己的感觉良好。由此可见，有些"好感觉"是飘在空气中的，自己嗅来嗅去，感觉很好。此外还有另外一种好感觉，是活人之间的，是面对面的，比如通过自己的人格与能力，赢得别人的尊重，是所谓人格魅力。有权势的人在"尊重"这一问题上，会遇到一些问题，因为他搞不清别人是尊重了他的权势，还是尊重了他的人格。如同有钱人搞不清女人是爱上了他的人，还是爱上了他的钱。在这种意义上，具有"理想化"气质的人，似乎存在着一种无意识动机，就是让自己成为一个无权无势的人，然后靠自己的人格赢得尊重，或者成为一个没钱的人，然后靠自己的人格赢得爱情。这很干净，也纯粹，能够自我说服。

>>> 真话卖不出钱来

长时间多学科的研究表明，促智药物（促进智力发展的药物）是很难开发的，最多只能是恢复一下已经受到损伤的智力。相反，损害智力的药物，却是极容易发现的。发展促智药的困难，这种神经科学方面的难题，要较完善地获得解决，现阶段还存在很大困难。如此，说真话便招人讨厌，其命运有些倒霉。指望通过"说些真话"而想卖出钱来，基本上属于痴心妄想。现时的社会上，开发智力的书稿，训练、策略大行其道，但说到头，受骗的机会偏多。人受了骗，情感受到侮辱，心灵受到伤害，民意受到强奸，而只有这时，"真话"的价值方能显示出来，因为真话尽管没能骗到钱，但却能够安抚心灵。

>>> 爱是以痛苦标定的

爱通常被人认为是快乐的，实际上单纯的"快乐"并不构成"爱"的核心要素。在这种意义上，我不相信，两个陷入热烈情爱的恋人，吃得高兴，玩得高兴，那么这些内容便构成了所谓"爱"的真正内涵。在我的信念中，爱是以痛苦标定的。它指没有痛苦的爱，不可能是真正的爱。在这一点上，甚至那些平时我们所谓"爱的奉献"，也并不成为真爱的核心，就像你骑着自行车在北京的三环路上跑上一圈，去看了你的情人，你越骑越高兴，这不算数。在爱情中，我不反对奉献，但是真正具有"爱的核心要素"的奉献，其中包含着"真实的"有关自我的痛苦而非纯然的快乐。此如同你和一天衰老似一天的老年人日夜守候在一起，其成为你的"真爱"的原因，在于你承担着关于你的未来，关于作为"你自身生命现实性"的，令你"痛苦"而非"快乐"的，普通人通常避之不及的"生命的腐朽"。

>>> 纯真与优越

有些人无才寡识，其优越感来自金钱。有些人入不敷出，其优越感来自学识。有些人无钱无识，其优越感来自德操。有些人无识无钱又无德操，其优越感可以来自血统。还有些人无钱无识无德又无高贵的血统，其优越感还可以来自性别，例如，是个女的，这就有些荒唐。仔细观察会发现，生活中人们通常都要以自己某一方面的优越为其自我感觉良好的前提。从这种意义上讲，有一种人活得美好，他们并不觉得自己比别人优越，但是他们感觉良好，孩子便是这样，这叫纯真。补充一句，孩子的纯真在成人世界的"对应物"是心理学中讲到的"自尊"，二者的共同之处在于，他们都感觉良好，但都与优越感无关。换言之，那种良好的感觉只以自我对生命存在的美好体验为前提，而不附加任何条件。

>>> 气质与幻想

小姑娘招人爱,走起路来就会美美搭搭,原因是,小伙子把她比作花朵。想起自己是花朵,自然美美搭搭,这是爱情使人变得美好的原因。在这种意义上,我相信气质美好的人通常都或多或少地生活在幻想中。就像S.H.E的三个小姑娘歌中唱到的,"手,不是手,是温柔的宇宙"。看着一只手,而内心浮现出的是温柔的宇宙,这时人的感觉会有多好呢!这同时也会使人的气质动人。与此相反,如果内心感觉中完全没有幻想的成分,持一种现实主义的态度,那么一个人就会俗陋不堪,甚至要命。比如,现实地看,手,就是手,吃饭和解手,都是这只手。

>>> 都市的可耻

都市人外在的幸福太多,比如吃得太好,穿得太靓,玩得太多,因此内心的幸福就减少了。这适合于人类精神生活中有关幸福的"守恒原则"。在这种意义上,最美好的歌声总会来自最贫困的土壤,这一点也就不难理解。对他们来讲,他们一辈子都走不出那片贫瘠的土地,他们在这片土地上艰辛地成长,因渴望而痛苦,因祖祖辈辈承受着淹没头顶的无边际的苦难而坚强,遂在内心生发出最美好的情感。除此之外,他们一无所有。果如是,那么都市的生活便是可耻的。这种"可耻"是我所理解的,在酒足饭饱之后,在包厢之内听上些"最为痛苦"而同时又"最为幸福"的民歌。实际上,我真正要说的是,人在包厢之内永远没有办法感受到那些歌声中的幸福,其原因在我看来是,唯有农人才能够感受到庄稼的幸福,庄稼的幸福与那片土地的痛苦与汗水有关,而你并不生活在那里。

>>> 滚蛋个思想者

真理总归有用,但"远处的真理"最近没用。"追求真理"之所以能够被叫做"追求真理",就是因为它们"最近没用"。马上或者最近就能用上的真理,不是"真理"而是"功利"。在这种意义上,追求真理的思想者有些悲哀。这一点像有着一个不听话孩子的家长往往会对"教育的真谛"发生强烈的兴趣。而孩子一旦听话了,那个研究教育的思想者也就该滚蛋了。人们在"用到"他们的时候会感激他们,但在"用不到"他们的时候决不会崇敬他们。在同一种意义上,真正的"思想者"本该和"功利者"格格不入,因为他们的内心,在对待真理的态度上从未凝结过相同的情感。

>>> 功利者的无奈

我偶尔会到附近的小卖部买点东西。小卖部卖些烟酒茶糖之类。店主溜肩瘪胸,目光钻营,能算计别人就算计别人,当占了点小便宜时,会有发自内心的笑容偷偷浮上委琐面容,而其人生目标无非就是为了赚些蝇头小利。我很烦他,就老想轻蔑他。买东西的时候,只要超过十块钱,我就会很不耐烦地催他,"呲噔"他,语气不亲。我能够看得出来,他感受到了我的不良态度,同时,他又实在有些舍不得这生意的美妙,所以每次面对我,他唯一的办法,便只有"忍着"。我知道,我的这种做法,令对方对人生产生了无奈与追问,原因是把"利益"放在第一位的人,绝无方法保住尊严。像这种我心知肚明的"恶作剧",偶一为之,是有些快乐的,但想来不够宽宏。我决定以后不再这样做了。也许值得说明的是,功利主义者无尊严,这一现象的存在范围,遍及全社会,而不只是小卖部。甚至包括我们自己,这需要扪心自问。

>>> 真理的悲哀

恢弘的真理肯定是遥远的,其遥远性决定了其脆弱性。也因此,"遥远的真理"在没有能力发挥自己力量的当代,是可以被断然否认的,这在历史上曾经有过无数次证明。有人讲,"与其说追求到了真理,不如说最终造就了自我的孤独",是所谓"苦心孤诣"者的悲哀。其悲哀的源头,与其说是"苦心",毋宁说是"孤诣"。这种使人在当代变得无穷脆弱的东西的唯一魅力,在于它与个体信念中的"永恒"相关联。人希望通过对深刻而遥远的真理的追求而实现"与永恒相关联"的理想,在当代注定不得,否则它不足以成为"深刻的真理",这是真理追求者具有悖论性的悲哀。我们如此探讨上述的原因在于,我们相信宇宙间"绝对精神"的存在,并同时相信,这种"绝对精神"尽管可以无限接近,但它永远在当代之外。

>>> 百看不厌

我相信真正艺术品的本质特征之一是"百看不厌"。什么东西你接触的时间长了,你就不想去听去看了,那么它就决不是艺术。在这种意义上,真正的艺术品收藏家不仅收藏,还会不住地欣赏,否则他就只是个"占有家",就像在外埠房价不贵的地方买套四室两厅,几年不去看看而只等着升值。实际上我的意思是说,真正的艺术品令人百看不厌的原因在于,他每一次接触那些东西,都可以重复性地获得内心美好的体验。这种体验长期的不消退性,是艺术品成为艺术品的原因。心理学家 A.

H. Maslow 谈到那些"自我实现者",他们有着永不消退的对于某些事物的爱,他第一万次看到朝阳就像第一次看到它一样充满惊异和艳羡,他第一万次见到天真的儿童,内心依然充满感怀与爱怜。这种内在的心灵状态,已使这些个体业已生活在了一个艺术的世界。附带说一句,人世间最为美好的爱情,在一个特定的层面,具有艺术品的性质,尽管它异常难得。这种具有艺术气质的爱情,使得"不厌旧"成为可能。

>>> 世俗的力量

二十没几岁的小姑娘,要是嫁给 40 岁的出名男人,出名男人离了婚,好像她首先感到的是自己嫁到了不错的对方,这富有人性与感情,有些美好;要是嫁给了没名的男人,同样性别,同样经历,那么在自己心里,她首先感到的,似乎只是嫁给了一个 40 岁的离婚男人,这像是从人群中随便拨拉出来的,像是不得已,而自己还没混到这一步。实际上我想说,世俗的力量会影响自己在自我的情感世界中如何感受对方,这才是真正的心理学意义所在。人之所以会如此,原因并不复杂,我指多数人怎么看待一件事情就会无形中影响自己怎么感受,人从妇产医院到幼儿园大班,就是这么长起来的,心理学家把此叫做人格发生的"镜中我",镜子就是社会。因此如果社会只知道你是个 40 岁的离婚男人,那么在和别人的交往中,你个人情感世界的真实性及其意义便被世俗扼杀了。

>>> Image Addicted

理想主义者不接受现实,只接受理想,因为现实是不完满的,只有理想才圆满。理想源自未来,它的家住在人类的头脑中,是想象的产物,这可以说明为什么"网恋"(Internet)会盛行。因为隔着光缆,因为"想看又看不着",便会让人怀想,而怀想总是想象那些美好的景物,这叫"往好了想",例如对方。实际上很可能凡夫俗子一个,只是趴在了键盘上。果如是,我们可以发现一些人,在恋爱生活中似乎保持着一种无意识动机,就是不去了解别人,他们喜欢的似乎是"花瓶儿",因悦目而赏心,它源自想象中的"内涵之美"。于此,你且不可了解太多,否则只能发现"槽儿里掉漆了",这就缺乏诗意。人类是如此追求理想的一种动物,当完美的理想在俗世无法实现,他们不惜以"陌生"和"自欺"为代价,以换取想象中的完美。敏捷之士把此叫做"Image Addicted"(幻象成瘾)。在此,我真正的意思是,合理的教育要淡化"想象",但这又会灭绝诗人。此为文化的困境。

>>> 灌水与慈悲

猪肉是需要灌水的,原因是这样可以卖个好价钱。它既充分量,据说色泽也好看。同时据说,往猪肉中灌水的人自己从来不吃灌水的猪肉,原因是他不想骗自己。此大概如同有些人在写作时,经常会加入一些连自己都不满意的文字,或者随便写些毫无思想与创建的内容,并肯于发表。这种人我做不成。原因简单,别人养猪是为了卖钱。卖了好价钱,就不用管谁吃了,吃了之后会不会骂我狗娘养的。我的不同在于,我卖的猪肉我自己也吃。我指我想通过"创造"实现我自身生活的意义。于此,最恶心的事情是,我望着自己灌水的猪肉(在此我指作品),最终却发现我的生活毫无意义。换言之,我不想通过"猪肉灌水"的方式来恶心我自己。我不想恶心我自己,是我对生活的最低要求,希望稍有慈悲心的人可以成全。

>>> 挖上多少年

我们的社会讲究所谓"利益最大化"。在同样的意义上,人生也存在"利益最大化"。这让我想起一部有名的电影,叫做《萧山克的救赎》,大意是说一个被错判的犯人为了追求自由,在狱中挖一条隧道,一个人挖了18年,最终逃了出来,获得了幸福的余生。我想,对持"人生利益最大化"的现代人来讲,这隧道到底"挖"还是"不挖",很可能会成为一个问题。我们可能会说,要是从20岁开始挖,挖到38岁跑出来,还可以。出来后多挣点钱,算有可过。而如果你已经四十出头了,那就算了吧。因为快60岁才能挖通,没什么意思。如此,电影的意义就失去了,因为不少看电影的人都四十出头了。实际上,我真正想说的是,人生的差别可能不光在于电影中"逃出来"的主人公和那些"认命"而没有逃出来的人物在"余生"上的差别。可能还会有另外一点差别,体现在已经过去的18年。于此,我指怀着希望地生活和绝望地"捱"着,这18年是不同的。我不想再解释,因为我相信,你已知我在说什么。

>>> 歌者与走神儿

在我们的社会中,不敬业的事大家看到的不少。为了挣钱为了出名有些不择手段。不管这"钱"该不该自己挣,这"名"出得符不符"实",只除去那些真正的歌者。我是想说,我在音乐厅看到一些优秀的歌唱家,唱得很投入,很在"状态",充满创造的激情。这让我不仅为他们的音乐感动,也为他们的人格感动。原因是我想到即使"投入"再多,加入更多的激情,事后好像也不会再"加钱"。我还想到,既然"事先"谈妥了,那么不敬业的人,可能唱着唱着就会有"偷工减料"的冲动,比如声儿小一点儿,如此观众也看不出来。可他们从不,他们昂扬而振奋,眼光炯炯有神,越唱精神头儿越大。如是,我理解了敬业精神的两种内涵:一是在最基本的平等层面上,对得起别人,我指别人花钱买了票。二是去从事"创造",创造那些真正有意义的东西、光彩夺目的东西,而不过多地去介意我从中是否能够得到什么相应的回报。我如是理解人生的激情。附带说一句,当我们说到人生激情的时候,通常会用到一个词叫做"挥洒","挥洒"是自己愿意的,是尽兴的,不会舍不得。

>>> 创造的魅力

在音乐会中没好好地去听音乐,却注意到歌者是否投入,是否唱着唱着会走神儿,原因是我是搞心理学的,这也说明我对自己的专业十分敬业,以至于"场合选择"都变得不够恰当。我指我应该好好听音乐,而我没有。实际上我注意到这些不该注意到的细节是有原因的,原因是我注意到某些歌者开始的时候并不是十分认真与投入,毕竟大家都是普通人,我把此当做"价钱事先谈好了"与"事后不会再加钱"。但我发现这些人唱着唱着,在经历了一个时间过程之后,开始变得有些认真甚或投入。不管怎样,歌者们最终进入了一种昂扬状态,开始声情并茂,偏执忘情而奋不顾"我"。换言之,他们进入了一种"创造状态"。我把此理解为他们在歌唱的过程中,感受到了作为"创造者"真正的魅力。当一个人感受到创造的"魅力"时,"事后加不加钱"已经无所谓了。换言之,当你很介意"事后"的时候,你完全不曾碰到任何一点"创造"本身的激情。

>>> 毫无悬念

我说过,艺术的核心特点之一在于"不厌旧",好电影也是一样。一部电影已经看过了,为什么还会想再看呢?如果本着悬念,那么看过之后,悬念就再也悬不起来了。于我,重看一部电影的冲动并非源自要去重温那一情境,而是要深入到那一情境中去感受人物的精神气质。换言之,这种冲动像是想要和我们喜欢的人物再在一起待上一会儿。对方像我们精神上的朋友,好久没见你就会想到聚一聚。想象之中的是,相聚中的朋友只能给你带来熟悉的感觉,完全不可能给你带来悬念。那些能给你带来悬念的人,你可能还不想见。实际上我真正想说的是,"知道的"和"活动的"是不一样的,前者是知识,后者的是生命。生命需要遭遇自己喜爱的生命,在生命与生命之间,感染鲜活与灵动,这是人性中生物性的一面。我反复看的电影很少,有一部我每隔一段时间就会想到再去看一看,比如《辛德勒的名单》。那个大高个子,是我的朋友,好久没见,我有些想念他,并一直希望在他手下为他做些什么。

>>> Title 与大米

经常会有些时候要出去办点什么事,比如出去给别人讲个课之类,需要事先给人家做个试讲。尽管内容很是详实,完全能够让别人知道你要讲的内容和你的水平,却总会被别人问到你是什么职称,你有什么 title 之类的东西。这种事会让我有些困厄,我指别人问我话,我不能不答,更不能说假话,这是我的生活原则。但这种事像是被别人逼着,扬起脸来承认自己不如别人,而实际上,我不是这样想的,我想的与此有点相反。这种被别人抬起脸来的样子，像是个糊里糊涂地被糟践了的妇女。我指原本我是来卖大米的，因此你就低头看我的米好了。这种时候，你要是抬起我的下巴仔细端详我的脸，我就会觉得相当不妥，原因是这和我的脸毫无关系，并且我会怀疑你有其他动机。尽管我不是个封建的农村妇女，我是男人，但我以为即使是男人，也不允许你这样看。在我看来，title没有用，米的质量才有用。我辛辛苦苦地把大米弄过来，没顾着收拾自己的脸。即使出来前我仔细地修过边幅，脸颊光光，也不许你这样看，这不是归你看的。

>>> 从来如此，便对吗

　　鲁迅先生讲，"从来如此，便对吗"？实际上，这一问题确实很值得一问。但恕我对老先生不恭，我发现有些事情，"从来如此"，便还真的就是"对"的。这让我想到日常的两性交往中，有些男人对作为男人要"多买单"这一点，充满较高水平的欣然和接纳。他们觉得"从来如此"，觉得这没有什么。尽管道理并不对，他依然觉得这没有什么，换言之，这好像是"对"的。实际上我真正的意思是想说，"对"与"不对"，通常说的是道理，但人完全可以不讲道理。百姓把此叫做"什么对与不对"，"哪来那么多对与不对"。于此我要说的是，对"不对"的反感，通常来自于不习惯（neuroadaptation），不习惯会带来情绪。而只要你习惯了，"不对"便丧失了它的情感意义，你会接纳它，视它于不顾，会认为理所当然。上述一切都不是我想说的，我想说的是，我们现今社会存在着很多重要而不对的事，但我们的孩子在这样的环境中一天天长大，对此便会习惯，会无视。我如是理解一个社会如果开始退步，那么它存在着在代际间持续退步的动因。从神经科学角度上看，"习惯堕落"（neuroadaptation）并非道德领域的事，却十足可悲。

>>> 8岁时的莫扎特

>>> 才子佳人

写书出书都不易，因此在我看来，能写书出书的人都是才子。新近便读了一本，但读完之后却让我对此事丧失了理解。新作外练筋骨皮，包装精美，内练一口气，"肺活量"很大，我指书非寻常之厚。那种平铺直叙，飞机一样平稳飞行的白开水一样的文字，像我自己一口气连续喝进体内五暖瓶白开水。我相信新作还不及我喝下暖瓶之水之行为之一定之震撼性，结论是我虽心性刚烈，但没他能喝白开水。白水不值钱，不必多说。值得说的是，要我是作者，我会害羞，因为书写的实在让人不好意思，感觉像小孩子的小鸡鸡露了出来，长的相当不可以，完全不具备生理功能，但他全不知晓，一通儿眉飞色舞。孩子如此容易理解，这着实受限于他的身体发育水平，怪不得孩子，过些日子就会好起来。不管怎样，才子的这种行为便令我觉得不易理解，它怎么可能。可见才子也没长大，是个小才子。关于"小才子"这件事，它完全具有现实性，比如8岁的莫扎特。但是小才子却从不谈恋爱，他对此没什么兴趣。才子不同，请了佳人作序，佳人说读了此书，从来没这么舒服过。

>>> 凑合用着

年轻的时候创作过百余首诗歌，还净是大长诗，总体看真的不少，好几万字应该能出本书，叫个人诗集。但最终还是没有"出"，原因是心里老想着，再写一些更好的，然后做成一本真正像样的。结果是仔仔细细地在那删改着，删改着，最终都快删没了。于此我指的是，随着成长，随着自己对世界感受的加深和文字能力的增强,对好多过去写的东西现在都变得不满意了。这种自己都不够满意的东西再让我发表出来,我会觉得没意思。想来我这样的做法,在使我老大不小缺乏成就的同时,无论如何也不会像个推门上来的推销员,略带不好意思地说:"我们这产品目前还有些不太好,是第一代,您先凑合用着。"这在商业上或许是可以的,没准儿我还会先买上一用,这实在是因为小伙子坦诚得有些可爱。但写东西好像就不行。后者像谈恋爱,谈恋爱的时候,这种"先凑合用"的感觉,会让人不舒服。"先凑合用"叫什么呢?别人会说"去,去,去",像是要轰走。想来商业和做人有些区别。这一点甚至包括性关系,"第一代"先凑合着用,恐怕会让人无法接受。

第三编　女人与恋爱

>>> 幸福意志 >>>　　幸福意志 >>>　　幸福意志

>>> 一见钟情

与其说我们钟情于某一个人,不如说我们钟情于一种瞬间。与其说我需要某个女人,不如说我需要一种"女性"。这有些令人费解。它指对于敏感的人来讲,我也许首先不是我,我首先是个人,所以我需要一种瞬间,和爱情有关的瞬间,这一瞬间的重要性和在真正意义上"成为一个人"有关。同样,也许我首先不是我,而首先是个男人,所以我需要一位女性。在"一半与另一半"的相见中,成就一种皈依。

>>> 女人与花瓶

我得给自己留点"生存空间",我的意思是说,我要是遇到一个美男,既有健全理智,又有如歌情怀,既比我个子高大,又比我笑得好看,比我经济富有,诗写得还比我好,那么我就没有了"生存空间"。它指作为人,这日子没法过了。于是,我就倾向于这样看,说是"追求表面的成功很可能体现了内在的空虚",说"太卓越时也许没有望到人生的底限"。在心理学家看来,上述说词的防卫性质昭然若揭。没人有权干涉你如何反应,但你的不当之处在于,你凭什么说人家"内在空虚"和"缺乏底限"呢?很可能人家是个天才,是"全方位"好的。此大概如同,我们通常会认为,漂亮姑娘就会是"花瓶";认为能够写出美丽文字的人,内心极可能就不美丽;认为成熟的人就一定会作恶;认为生活在诗情画意中的人,肯定就不事具体生活。在这种意义上,多数人自身的"防卫"使偏见得以流行,同时使天才受到迫害。在此,我说的是那些,只举一例,既漂亮又不是"花瓶"的女人,尽管这些人的存在会使不少同性体验到不适。

>>> 婚姻是魔术

婚姻是魔术,在某些方面这应该是没有问题的,因为婚姻能够把你所有美好的感觉都"变没",包括性感,包括理解,也包括温柔、体贴与志同道合。但这只是问题的一个方面。同时婚姻又不是魔术,因为把东西变没了之后,你很难将它再变出来。原因是那些东西,魔术师自己找不着了,甚至在观众退场之后。这是人性与文化的困境。在人生的婚姻大舞台上,每个人都是魔术师而把魔术变给别人看,因此魔术师的表情便是众生的表情。有些魔术师自己大惑不解,有些则自感难堪,有些还会胡乱地发着脾气。只有那些高明的魔术师对此才会坦然,他对别人微笑地坦陈:"是的,我把它变没了。"这才是最精彩的魔术。

>>> 璞玉的价值

人是因为可爱而陷入爱情还是因为陷入爱情而变得可爱是一个现实问题。有些时候你会发现,有些在现实生活中没有什么"回头率"的女人,一旦陷入爱情是那么的可爱。在此我们的内心语言是,"我原来要是发现她那么可爱,我早就会爱上她"。在上述意义上,人可以分成两种:一种人是天生"招人爱"的人。另一种是璞玉样的人,她们只在"真正的爱情"中才发出光辉,只是缺少滋养。然而遗憾的也正是,由于她们的璞玉性质,使她们难以被滋养。在两性情感中,璞玉是一种质地,是一种潜在的可能,它需要的是折射,这就需要你自己是阳光。错过"璞玉"的可能,来自你自己并非是阳光,你只是需要阳光。在同样的意义上,缺乏光华的璞玉存在"质地",生活的磨砺足以使其散发光华。关于"璞玉"的未发光,它为"人类的防卫"提供了空间,它可以使人"以为"自己是块璞玉。实际上,这完全可能成为一种误解。此中,一类人是存在的,他们毫无光华,我指不论在"折射"还是在"磨砺"之下。

>>> 回报与坏男人

对男人来讲,同样是爱美的女人也有两种,一种女人喜欢"美"本身,自己看着自己很美,会使她们发自内心地感到欢乐。看到别人很美,同样使她们感到愉悦。她们对"美"有着清明的感知力和滚烫的热爱心。另一种女人喜欢自己的美吸引了别人,看到自己的美吸引了别人,牵制了别人,会使她们多多少少从内心感到某种"得逞"。换言之,她们的心力没有用在"美"本身,而用在了人际关系领域,成了操纵别人的手段。用这种标准来划分,第一种女人值得男人尊重和爱,因为她们对"美"的热爱成为了其美丽个性的组成成分。与此相应,第二种女人则不值得别人尊重,更不用说爱。原因是,别人受到操纵并失去自由。对后一种女人来讲,男人以一种"占有"和"利用"的心态猎获这种女人,无论从心理上还是从行为上都恰如其分。尽管这一点并不十足高尚,但至少公正。原因简单,因为双方心态大抵相当。

>>> 失去自我

　　心理学研究表明,"爱"在一种意义上源自自我的渺小感,或至少和这种渺小感有关。这是当我们面对心仪已久的异性,不少人会变得局促不安的原因。从某种意义上看,面对"爱"而表现得"失去自我"的人才是真正感受到了"爱"的人。唯此,爱情的"伟力"才能够在他的"体内"产生意义。生活的悖论在于,当你自感渺小,那么对方便很难"爱上你",因为爱情中的任何一方,自始至终都在从对方身上寻找着力量与高大。两个人同时"自感渺小",同时发现对方的伟岸与出离,遂两人同时陷入热烈情爱的境况,生活中十分少见。这种爱情完全是世间的一种偶然现象,其偶然性源自双方"个性"及"方向感"上的某种"错位"及其造成的误解。这可以解释世间长久不褪色的爱情的稀少。百姓讲江山易改,秉性难移,说明个性是很难改变的。于是,因了个性而产生的"错位性质"的误解,也在同样程度上难以调整,遂爱情持久,幸福一生。

>>> 讨人喜欢不讨人爱

　　如果我们仔细观察,会发现生活中有一类人"讨人喜欢"却"不讨人爱",这种现象在男孩女孩男人女人中都不鲜见。它指大家很喜欢和他在一起玩,但"关键的时候"却不会想到要嫁给他。讨人喜欢的根本原因在于这种人非常信任别人,充满自我价值上的安全感,因此他们会自自然然地把自己全部爱的本性一览无遗地展现在别人面前,因而少了让人"想象的空间",而少了让人想象的空间,显然不会激起别人"强烈的爱恋",因为最强烈的爱恋只能来自人类的想象(在作为实验动物的老鼠身上,神经科学的研究可以发现这一点)。在这种意义上,真正难能而健康的爱情在于我们能够爱上那些"讨人喜欢"的人。其难能及健康之处皆在于,这些人已把爱情建立在相互之间以美德相处而非"神经症性的想象"基础上。上述有些令人费解,但有一点可以帮助我们对其正确性加以确认。生活中我们可以发现,那些由双方都是"讨人喜欢"的人组成的家庭,幸福的是大多数。

>>> 不爱也是一种冲动

我们通常把爱比作是一种冲动,是一种想不去爱也无法使然的冲动,然而我们却并不把"不爱"比作是冲动,仿佛"不爱"很踏实,不冲动。其实不然,在我看来,"不爱"也是一种冲动。"不爱"的这种冲动性,通常不在"能够不去爱"的时候表现出来,而只在不论什么原因而致的"要去爱"的时候才表现出来,比如受到某种压力或是"要说服自己去爱"的时候。唯此时,其冲动性的动力性质才得以高扬地表现出来。事实是,人类所有自然情感,不论其产生还是不产生,都具有这种冲动性的特点。

>>> 爱与需要

爱和需要是难以辨析的。当我需要别人的时候，我不能给对方带来"爱"的满足和实现。同样，当别人需要我的时候，别人也无法为我带来"爱"的实现和满足。就像某些时候，我们似乎并不希望对方那么急切地爱自己。过于急切的爱只表现了对方对你的需要，而自己至多只成为一个"被需要"的角色。我最想得到的，可能是对方通过我而达到的对爱的一种意识，就像我通过对方而达到的一种对爱的意识一样。在这样一个集体（两个人就够了）的凝神和冥息的仪式中，双方的眼光相互穿越了对方，而达到了一片只属于自己的神秘的领地。这片领地就是爱。其私有性成就了人完整的个体性，这种个体性光芒的相互照耀便是两个人之间的爱情。

>>> 爱情只存在于婚姻内

我的一个简单的信念是，婚姻之外不存在爱情。其原因在于，婚姻之外的感情几乎全部建立在"想象"和"美化"的基础上，尽管有人讲，没有想象就不会有爱情，但在很大程度上建立在想象和美化基础上的感情决不是爱情，尽管它促动爱情的产生。生活中我们可以发现，只要两个人分离，只要你被别人拒绝，只要那个女人（或男人）被其他异性所追求，只要面对"丧失"的可能，都会在瞬间陡然生出"爱情"，这甚至会令我们自己感到不解。爱情怎么可能在突然之间就从"没有"变得"有"呢？这是问题所在。戏法一样变出来的东西只是一些和性欲相关的"占有欲"，尽管它貌似爱情。"貌似"和"真货"有着差别，其差异在于："貌似的"当你占有了之后，你缺乏体验，因为其本身是假货。相反，"真货"存在持久的体验,此中的例子是女人的母性与男人的幽默。其持久体验的源头,来自他们心灵中的创造精神,它使爱情的不褪色成为可能。与此相应,"想象"和"美化"创造什么呢？它只创造长久生活中的失望。

>>> 人与物

贬低女人的哲学家会认为女人不追求真理,缺乏理性,只是些变幻的不知所云的"感情动物"。这种评价对女人是不公平的。持上述观念者,通常是因为他们总是以为所谓"真理"天生就要无条件地比情感重要或者高明。其实很有些时候,对于"人"来讲,情感要比真理重要。比如妈妈老了,腿脚不好,要送她到一个朋友那里,朋友家又住在一楼,不用爬楼所以并不需要别人的帮助。"真理观"者可以叫一辆出租车,送上即可。"情感观"者,则要陪着妈妈直到送到,因为这其中包含着情感。显然,这完全违背真理观,因为送来送去,要花上不少打车的钱,还要浪费掉本可以工作的时间,再跑上回头路。实际上我要说的是,情感的价值在历史中每每被贬低,源自它们对社会发展的促动,显得比"理性"要间接。这种"间接性"是其屡屡受到不该受到的忽视的原因。其被忽视反映了人类思维特点上的局限,代价是两性之间的不平等关系与性别间尊重的丧失。

>>> 给我……

给我一个强悍的肩膀让我依靠,给我一个宽广的胸怀让我放浪,给我一个优雅的名份让我感受,给我一个清扬的人格让我飞升,再给我一个孩子让我爱。这样很好,我会以你为中心,给你价值感。我会给你以忠诚,实现你无法了断的"机体需要"。我会给你以我不给别人的"性",让你占有这有着"人生意义"的资源。我还会给你以情感上的体贴与温柔,让你在细腻、缠绵的迷惑间忘掉男人的无辜与尊严。因此,我决不率先请某些女人吃饭,因为尽管你卖,但我有权利不买。

>>> 和谁结婚都一样

  人的"感觉"不能太多,太多了就容易不幸福,因为情绪容易波动。相应的,"感觉"也不能太少,太少了也不行。这后者如同有人说,"搞对象挑来挑去挑什么呀,时间一长,你就会觉得这个男人有这个毛病,那个男人有那个毛病。实际上,跟谁结婚都一样"。这一看法相当成熟,原因是事实如此,它指每个人都有毛病。于此,我要说的是,即使仅就男人来讲,毛病和毛病也不一样。所谓毛病和毛病不一样,其关系像虫子眼和虫子眼不一样。有些虫子眼,长在了香甜爽润的苹果上,有些长在了干涩无味的苹果上。有些虫子眼长在了大苹果上,长在靠表面一些,而有些一直烂向了"核"。如此,挑中哪个苹果,在此我指到底嫁给"毛病男人"中的哪一个,它依然有些不同。上面说到的同志事业顺遂,后代茁壮,但走在楼道中却总是神情黯淡,其原因在我看来是,她觉得抬眼望去,周边的世界毫无光亮,地上墙上天花板办公桌上,都是一些毫无二致的虫子眼儿,难怪不振奋。

>>> 进入"状态"

人如果爱上某个人,尽管对方还不知道,那么他自己无疑便"已经"在恋爱了,难怪我们会称其为"单恋"。在这里,不管"单""双"与否,"恋"已经开始了。在"单恋"者眼中,对方首先是另外一个性别的人,其次才是一个"人"。他不能率先就把对方单纯当成一个"人",否则,这种单纯的缺乏性别意识的"人对人的关系"便成为了对普通"友谊"的寻找。只有率先和主导上把对方当成"异性",这种爱恋才可能是强烈的。显然,这种单方面"恋爱的感觉"容易使其在与女人的交往中窘迫而难堪。原因是他一上来就以"爱的方式"和人家交往,而此时人家还没有爱上他。在这种意义上,我们会发现,生活中那些在和异性交往上毫无障碍的人总会说这样的话:在和女人交往的时候,压根儿就没有意识到对方是个女人,或至少首先把对方先看作是人,其次才是女人。结论是:过于需要爱情,容易影响生活。

>>> 尼采与"反人类罪"

初恋的女孩是可爱的,不论好看的不好看的,年少的青春的,当她们陷入初恋的时候,都会心怀一种美好,而别致而蓬勃。她们的脸上有着伟大的自然力为她们准备下的最俊俏的淡妆,那是作为孕育生命的"存在的光芒"。恋爱中的她们,从每个细胞内部都正在"相信着"生命和未来,那直至恒久的未来中不存在一丝缺憾。在我看来,这种爱情关系所致的"永恒的完善感",至少是其可能性,是真正爱情的核心成分。换言之,于人,"无完善感无恋爱"。在这种意义上,人世间有两种人:一种人具有一种超人的心理能力,表现在与女人的关系上,他可以持久地去恋爱,真正地去恋爱,因为永远相信着完善的可能,这一点甚至不随年龄流逝而改变,例如尼采。另一种人,随着生命的流逝,她们的内心早已残缺,她们不再"有能力"恋爱,例如尼采周边的世界。正是在这种意义上,尼采才会说到"老年女人不是女人"这一表面上看来犯了"反人类罪"的话语。在我看来,普通人可以选择的一种存在方式是:停止渺小的创造,开始尝试去理解伟人。

>>> 快感不足

性学大师霭理士(Ellis)老先生一百年前就说过,经过"积欲"才能"解欲",也即"解欲"只有通过"积欲"才能获得意义。所谓"积欲"大概其指两个人在相识、向往的过程中积累一种热烈的欲望,而"解欲"指这种向往碰出火花和喷薄与升腾。在这种意义上,积欲"积"到什么程度,那么解欲才能获得多大意义。未积便解,积得不足便解,就叫纵欲。实际上,这种"积"和"解"的关系完全适合于非性学领域,比如一切有关"得到"和为其的付出与努力。我们的时代,上好食物的 availability(可获得性)多了,金钱、荣誉等机会的 availability 多了,而我们内心却变得越来越不充实。如此看来,当我们不再为了什么而去想望去奋斗,也即没有任何积欲的过程,我们对生活的享受,在最高的意义上也只是种纵欲罢了,难怪快感不足。

>>> 找一个有思想的

终于熬到一朝女人和男人实在"过"不下去了,原因是觉得对方太

"没思想"。这种女人离婚后,通常会"觉悟"。下一次,一定得找一个"有思想"的。在我看来,这件事情有些可怕,原因是,最终你需要找的是一个"性情"上适合你的人,而不是"有思想"的人。"有思想"只是性情的一部分。实际上,有心理学意义的是,对方从"性情"上不适合你,这一点你怎么说都有些"说不上"。别人追问一句"性情怎么就不适合你呢",会问得你哑口无言,因此,你便容易认为对方"没思想"是个可靠的答案。这样做的原因,倒不是因为你要用这些"顺理成章"的东西去说服别人,更多的是要用它们来说服自己。如此看,人是这样一种动物,他需要在一种"观念"之下来阐述生活,来说服自己,但极容易忽略"观念"之下的"个体性"。它指你必须和"有思想"的那类人中的某个"具体的人"相处和生活,而后者指的就是对方的"性情",是否与你相互适合,它在婚姻生活中具有更为重要的意义。

>>> 结婚的时机

两个人待在一起的时间长短可以说明其间的某种东西。比如我相信,和陌生人在一起时,寒暄是有意义的。因为我们有着诚实的不欺骗别人也不欺骗自己的"社会兴趣",我们想了解别人的生活,遂寒暄。尽管寒暄有着意义,但对两个陌生人来讲,可能三五分钟就够了,连续不停地寒暄半个小时,自己就会感到不舒服,感到在没话找话。原因在于你并没有"那么"关心对方的生活。你关心的东西你已经关心完了。对于一般性的友谊,相处的时间可以加长,比如一顿饭的工夫。但要在茶馆中坐上一个下午,可能又会有些没话说。如果非要在一块住三天,完全可能翻白眼儿。实际上我的意思是说,随着友谊的加深,比如具有深度友谊的人,完全可以有事没事就在一起混着,你觉得和他在一起那么待着就挺好。这种在一起待着时间的无限延长,大概其就要接近爱情。须臾不能疏离的感觉要是出现,甚或一天强似一天,我想这大概其就是结婚的时机,在此当然指异性。

>>> 我爱你

如果我们心灵诚实,会发现"我爱你",这三个字不容易说出口。心灵最诚实的人,在这一点上,可以叫做"打死也说不出口"。可见,在这一问题上,撒谎是不容易的。对某些人,打死也说不出"我爱你"的原因,在我看来是,"我爱你"这三个字,关联着生命在其"机体层面"的没有任何缺憾的一种"完善感",它大概和"时间停滞"与"永恒意识"有着关联。如果对方不是那种给你带来"完善感"与"永恒感"的对象,换言之,如果对方并不能在全部意义上成为你的理想(宗教上叫做"彼岸"),你就会说不出这三个字,你完全张不开嘴。优秀的临床神经心理学家会说,"我爱你"关联着一定程度上的"意识丧失",而意识丧失是一种"被诱发"的神经电及神经化学活动,平时我们不是这样的。对方没有诱发出来你的这种神经活动,那么你自然就不会有说出"我爱你"的神经动力,这很简单,"话"是被神经活动所驱动的。上述是我所指认的"我爱你"其源自的所谓"机体层面"。

>>> 金银财宝

在多数情况下,一个人不论多么爱财,他却难以情不自禁地喊出"金银财宝我爱你",这有些喊不出口。其原因在我看来是,多数人在生活中总能缓慢而持续地感觉到,尽管金银财宝"至美",但这种"至美"和自己的生命本身缺乏永恒的关联。我相信，这一点使喊出"金银财宝我爱你"产生了困难。好像有心理学研究说，某些有钱人的孩子看到金钱，会出现"瞳孔放大"等类似于"我爱你"之下的兴奋状态。实际上，这种生理性的反应，源自孩子对父母的在机体层面的"认同"，而那种兴奋状态的本源是"父母"，它和金钱没有本质关联。我相信，成年人无法喊出"金银财宝我爱你"，这一点恰恰证明了多数人在心理发育上的健康。因为你如果永远停留在一种机体层面向父母的"机体认同"中，对金钱充满"精神兴奋性"的迷恋，那么它只证明了一件事，就是你完全没有把"自我"从父母中独立出来，它属于心理疾病中的一种。

>>> 男人骗子多

一个心灵诚实的小伙子追求一个女孩而"不得"，便和另一个女孩同居，但心里却一直想着第一个，并找着任何机会诉说自己的冲动与爱念。这遭到了"不得姑娘"的痛斥，理由是"你还好意思说"。实际上，我之所以把小伙子称为是诚实的，原因是他就是诚实的，这是事实，没什么好再说的。此外，还因为他忠实于自己的心灵，心灵就是在其内部存在着性与爱的分离。确实，从群体上看，男人较之女人存在着更多的性与爱的分离。它指在某种程度上，在男人内心"性"与"爱"是两回事，他可以把这两者分得很清楚，从而自始至终保持住"有关爱"的"情感贞操"。实际上，有心理学意义的是，"情感贞操"不容易化解"身体非贞操"，原因是尽管情感贞操真实无比，但它看不见，只能道听途说，而"身体非贞操"却可以"捉奸成双"。从这种意义上看，"情感贞操"会有些倒霉，因为你完全可能是嘴上无毛，办事不牢，甚或完全可能是在骗人。也因此，男人骗子多，便是可以理解的事。

>>> 占有欲

关于情感贞操和身体贞操，我想再说两句。希望对方保持住"身体贞操"而不过于介意对方的情感是否具有贞操，这就叫做占有欲。就群体而言，男人较之女人通常有着更强的占有欲。我指男人虽然"知道"女人已经不爱她，却容不得对方去接近其他男人。这一普遍存在的现象说明了一个问题，就是在更大的程度上，男人更相信外在的行动，而不是更相信言语和感觉。人们讲在女人那里男人是长不大的孩子，意思就是如此。在男人更相信行动这一点上，男人的内心语言像孩子，你说了半天如何爱我，又不给我奶吃，或者把奶喂了其他孩子，那么我相信什么呢？此为男人不擅言语，经常陷入沉默的原因。在同样的意义上，我们可以看出，男性不太重视"爱的表达"，相反却重视"爱的行动"，例如"性"，也就不难理解，此为他们经常容易把那些和他们上床的女人理解为"真正爱他们"的原因。

>>> 爱关联伤感

人们有着强大的冲动要体验爱，这没什么好说的。值得一说的是，"爱"容易被"性"所扰乱。至少对于男人，性的冲动有时会被人体验为与"爱"的匮乏与需要有关。在这种扰乱之下，那种对他人的接合，似乎最终又必然发展到与内心的"爱"的感觉逐步疏离，这是不少人在性与爱的关系上遇到的困境。在这一点上，敏捷之士会发现，人们最终需要的是"爱"而不是"性"，也因此把"爱"从"性"中剥离出来具有重要意义。实际上我要说的是，"爱"与"性"有许多不同。在其中一个方面，"爱"关联伤感而"性"则不然。为什么"爱的实现"会带来"伤感"这一通常有些负性的体验呢？在我看来，"爱"能够使人意识到生命。那么生命是什么呢？生命的本质就是其中的巨大美好和美好的必然失去罢了。我相信，对于整个生命，能够给你留下印象的无非此两者。我既已讲到对"美好"的体验与对"美好"必然失去的无奈、不甘与怀念，你应该已经知道，这是"伤感"的语义内涵。因此我才会说"爱关联伤感"。

>>> 婚姻与仪式

我的一个朋友说，婚姻更重要的应该是"内容"，比如两个真心相爱的人长久地在一起，结不结婚只是"形式"，具有第二性。我很难说他错，但这一点我却不十分同意。在我看来，人是仪式动物，因此"形式"一定得要。例子很多，比如前线的军旗手，旗第一位，枪第二位，为此多死了不少人。"仪式"甚至必不可少，比如你不能只是走过去告诉小朋友说："小朋友，你是少先队员了。"这像假的，他会产生怀疑。你如果弄个入队仪式，小朋友就会觉得"这回可是真的了"。再如有人决定洗心革面以利再婚，本来在内心"决意"一下就行了，这才是"内容"，她却非要变个发式。聪明人把此叫做"对内是一种警醒，对外是一种昭示"。这些都不是偶然的。在我看来，人对"仪式"的需要源自个体对体味"人与自然（他人）关系"的一种需要。这类人需要的不仅仅是某种具体的"结果"，比如我到底和谁生活在一起，而是更需要感受这一结果的"意义"。有一个外在的标志物，例如"形式"，能够提醒自己更深入地投入到此种"意义"感受中。附带说一句，"矜持"与"庄重"，可以考虑为性爱的仪式，充满对"意义"的体会。

>>> 通过内疚认识爱

我的一个具有理想化气质的朋友最近搞起了婚外恋,同老婆之外的人,埋伏在北京,所谓"偷情"。偷情必内疚,这不新鲜,但解释起来却很难,不去管它。朋友也不例外,感到内疚。朋友说,这日子其实不好过,几乎每天,我的良心都受到折磨,放下情人一个人不管,还不得不回家说上一些虚情假意的话。而我对我心爱的情人的情话,还没有说够,遂心如刀绞。生活中,某些人在婚外恋中也会内疚,但通常是对老婆,绝少对情人。我的朋友却反其道而行之,其认真的劲头和"耻感缺乏"让我狗窦大开。实际上,我真正想说的是,尽管我不赞同婚外恋,我却能够理解朋友的内疚情感。原因在于,从人的心理本质上看,内疚是"爱"的对应物,有"爱"的情感却疏落了它,必然导致内疚,这叫自己对不起自己。认识"爱"有时不容易,实际上认识它的一种方式,可以通过"内疚"来实现。换言之,你搞了婚外恋,回到家里对你夫人感到内疚,说明你的爱还存在,说明你该回家。反之同理,比如我的朋友。

>>> 餐馆与回家

心理学中最常讲到的是,当我们从机体层面感受到焦虑的时候,它准确地代表我们的生活出现了问题。在性与爱的问题上,存在两种焦虑:一种是性焦虑,一种是爱焦虑。前者以"性情感相关"的身体紧张为主,后者以"性情感相关"的心灵紧张为主。重要的是,身体紧张性质的性焦虑的释放,并不能缓解爱焦虑。性焦虑和爱焦虑,这两者是不同的。爱焦虑如同你在家中感到很饿。于是你颇有兴致,心怀期待,甚至有些急切地做上一顿好饭吃。吃完了之后,你安然满足,在家里东摇西荡。

这叫满足。与此相应,性焦虑像是在餐馆,你饿得要命,等不及地要点菜。当你狼吞虎咽地吃了菜,喝了汤。肚子鼓鼓的之后,你在餐馆中有些坐不住,你想回家。这种吃饱了之后想要回家的冲动像是性焦虑缓解之后的爱焦虑。附带说一句,有些人存在着明确的爱焦虑,甚至等不及餐厅的小姐在你吃完了后为你端上餐后的水果。

>>> 身体激动与灵魂激动

至少对于男人,性爱有两种成分:一种是身体激动,一种是灵魂激动。在这一点上,人们会发现,有时"温情的性爱"也具有魔力,这便是灵魂在此刻激动。对于灵魂激动,"对方"已然是自己"寻找到的"家园,尽管原因不清,但结果明确。对于身体激动,更多些的成分,是要"通过对方"来"寻找家园",这意味着"家"还没有找到。寻找到自己的家园后,我们会希望在其中停留,我把它叫做"相守"。相守的需要成就结婚的可能。与此相应,没有找到自己的家,那么就要继续找,所以就不想相守,想离开。敏感的人能够知觉到"家"和"非家"的感觉。到了家里你会不着急,你做什么都优哉游哉,甚至饿了你也可以慢慢地吃饭。于此我指的是"温情的性爱"。相反,没有"到家"就会不同,哪怕是吃饭,你狼吞虎咽,或者心有旁骛,因为你似乎知觉到,吃完饭后,还有其他的事。这像在驿站。后者如同"性焦虑"的缓解以及"爱焦虑"的再次浮现。

>>> 驿站与家园

我相信,把"性"比喻成"驿站",把"爱"比喻成"家园",会让部分人觉得不够准确。其原因在我看来是,"爱"不像火车票,火车票是你自己买下的终点站,你知道终点在什么地方。到站了你自己会下来。与此不同的是,关于对"爱"的寻找,在"未找到"之前,你只是朦朦胧胧地相信它的存在,却不太知道它具体在什么地方。于此,你完全说不清。你和售票员说不清,和旅伴也说不清,如此你就上了车。你对想去的"终点"的感知,只能来自于你所约略感受到的,某些过路的站点,不是你想去的地方。如是,在不是你想去的那些途经的"驿站",你就会神情恍惚,你觉得怎么都不对,你觉得心有不甘,你觉得好像还得继续前行。在那些驿站,至多你只能是吃个饭与睡个觉。吃饭与睡觉,百姓叫做"过日子",并且在如是说道的时候,总是带着一丝无奈与遗憾。这种无奈与遗憾,在准确的意义上,就是"爱焦虑",他们会觉得,生活似乎"少了点东西"。

>>> 睡醒了之后

在那些感觉怎么都不对的"驿站",你也得住。住店的人,神情会若有所失,原因是心里在想着自己想去的地方,尽管这地方你也有些说不清。但不管怎样,你依然会觉得"心中有些事"。好在睡着了之后,人会安然些,原因是由于睡熟了而忘记了那些说不清的事。有意义的是,在驿站也可能睡得还会不错,原因是有些累着了。此点大概如同不少人在本质上缺乏"十足爱"的婚姻中,短时间内似乎过得还不错,比如"蜜月"或"蜜年"。能够如此的原因,大抵和婚姻中的"性情感"有着重要关系。它像睡着了而不像白天在路上时那么忧虑。于此,实验临床心理学家发现,生物性的"性情感",本质上关联着"意识不清"。但不管怎样,第二天早晨从驿站睡醒后的反应可以揭示一切。你会再次若有所失。原因是你会又一次不可避免地感到,昨夜住下的这地方,还不是自己想去的。于此,我依然在指人所感受到的"爱焦虑"和"少了点东西"。

>>> 茫然若失

不少男人和我描述过在缺乏"十足爱"的婚姻中,即使有着合理有效的性生活,但它却没有什么太好的感受,甚至会关联一定的负性情感,比如就那么回事,比如没什么意思,比如茫然若失,甚至比如后悔。这一点不奇怪。原因在于单纯的"性"的满足,那种缺乏十足的"爱的表达"的单纯"性紧张"的释放,恰恰使人对"爱焦虑"的感受变得更加敏锐。为什么"性焦虑"的缓解反而使"爱焦虑"问题变得更为突出呢?这一点,大概如同驿站中的一"觉"醒来,尽管精力好了,尽管阳光明媚,尽管春风浮面,尽管双脚生风,尽管车辆完好,尽管又一次整装待发,但完全不知道要到哪里去,完全不知道如何去,完全不知道在自己所寻找的未来中,能有什么和没有什么,这种状态会让人更加不堪。它像"有劲没地使",像"没头没脑"地又上了车,像再一次把头探出车窗外,但又不知道自己想去的地方到底在哪儿。这种痛苦与难堪,多数人是知道的。

>>> 疯狂与压抑

在人生的旅途中,想着"目标"的事太多,在驿站就容易睡不着,想得过于急切,甚至人都不会想"睡"。重要的是,这件事情还想不太明白,只有一点是明确的,今夜住下的地方依然不对,明天还得走。如是,夜里他就要准备这准备那,全都准备完了实在没什么好再准备时,他就那么等着天亮。似乎就这样眼睁睁地等着,这会使他觉得在自己和"目标"之间,有些更紧密的关联。实际上我的意思是说,保持一定的身体紧张,比如在驿站不睡觉,眼睁睁地等到天明,可以增加他对"目标"的感知。而保持一定的性紧张,尽管身体不够舒服,但却可以拉近他与"爱"的距离。换言之,他的精神在此获得了满足。神经科学把此称为"应激奖赏"。如是,我们就可以理解,为什么有些人在婚姻之内,却不想和缺乏"十足爱"的对方做爱。我的一个朋友把此叫做"守身如玉",也如同敏捷之士在诗歌中写下的"疯狂的人要压抑"。为什么要压抑呢?因为在一夜又一夜无爱的痛苦中,他对爱充满了更为深切的唤起。此中,他会觉得那些"少了点的东西",朦朦胧胧地会多上一点。

>>> 爱是什么

谈了这么多性与爱的关系,因此最重要的问题必须得到回答,如果"性"非"爱",那么"爱"是什么?于此,我只知道一点,"爱"是一种"归宿感",它是种"感觉"。于是问题再次出现,"归宿感"又是什么?这么复杂的问题,我回答不了。我的答案有些不好意思,它指那是一种"到此你就不想继续走了"的感觉。这话等于没说,它是"同义反复",因为"归宿"就是这么定义的。如是,问题又一次出现,那么"我走到哪儿就会不想继续走了",答案更加弱智:当你走到你不想继续走的时候,你就不想走了。"那我什么时候就不想走了",答案是"当你找到爱的时候"。这几乎成了一个傻瓜。因此结论是,爱不在于讨论,寻找爱才具有意义。例子是"你自己"什么时候不想走了,你来问我,我怎么会知道。在这一点上,你需要了解和体会自身。我指你要靠你自身机体的真切体验,告诉你什么时候你就不想继续走了,并且在此刻,是你自己而不是别人,告诉了你自己什么是爱。上述是心理治疗中无穷强调"体验"的重要性的原因。

>>> 我不相信爱是骗局

青年人总是会不住地寻找"爱",但是那些长久未找到"爱"的成年人,其中一部分会怀疑甚至某种程度上的确认,什么"爱"与"家园"之类的东西,统统都是人生的骗局。也可能他们失败的经验是太多了。在这种意义上,我不相信"爱是骗局"。原因是,我在家里长大,我在家里踏踏实实地吃过无数多次的饭,并且在家中玩得高兴。我没说谎。因此我相信,找到找不到是一回事,但家是客观存在的。在我看来,那些相信"爱是骗局"的人,不说他们从未,至少他们很少深切地体会过家的感觉。在另外一种意义上,"骗局说"之所以能够被人相信,是因为"相信它"是有好处的,尽管不够振奋,甚至有些微绝望,但它可以使心灵获得宁静。在人类灵魂最基本的层面,"幸福"与"绝望"同时可以成为心灵的家园。它们是安顿灵魂的不同方式。附带说一句,绝望的人不可小视,他的内心存在惊涛骇浪,比如遭遇到完全不曾期许的幸福。

>>> 爱源自创生精神

在生活中,爱情容易失落,失落的原因在于重复。因此旧有知识讲到"爱情要更新",或叫做在两个人之间"创造生活的新的经验层面"。新的经验层面并不复杂,它指生活中任何美好而全新的感受,不见得非得什么大奖。后者的经验尽管"新",但有些不容易。关于新经验,日常所及的例子是男人的幽默。这种在日常生活中发现和创造新经验的能力,也即所谓"创生精神",会使人持久可爱。真正有意义的是,使爱情持久的真正原因是上述"创生精神"而非"创生物"。后者指即使有"证书",却可能照样没戏唱。其实着重于"外在创生物"的功利主义态度,大不必受到责难。原因是在生活中,这些人从未遇到过那些具有持久"创生精神"的人,例如在每一个瞬间都充满奇思妙想的人、充满灵性的人,因此他们只能做退而求其次的选择。在情爱关系中,有关"人本身"的新经验而非那些"外在物"会更吸引人,这一点百姓是知道的,后者才是爱情的基础。时下多起来的婚外恋,通常是奔人去,奔钱奔名去的是少的。例子是"小白脸",完全可能没工作。

>>> 想死你了

喜欢一种女孩子,我以为其中最重要的原因是,我说我想死你了,她说我也是。这会搞得我不知道怎么好,只是想往天上的方向伸脖子。实际上我的意思是说,人在爱别人的时候,也会以同样的热诚希望被别人所爱,这一点每个人都知道,也会需要。此点如同当我们称谓两者之间的诚挚关系时,通常会用到的"肝胆相照"这一词汇。为什么"肝"要和"胆",而不能选个其他的东西"相照"呢,这是因为两者同时成为毫无遮掩的灵魂。换言之,它们都源自生命的最深处,以赤诚对赤诚。在最低的程度上,至少它们都是"真家伙"。这种"真家伙"的感觉像革命时代的那个小兵张嘎的枪,打死和木头枪是不能换的。你没头没脑地想死了人家,对方却没什么反应,或者装作没反应,这就没劲。"瞎想人家"这件事,它像那杆木头枪,憋足了劲往外"打",却只能从自己嘴里大喊出个"嘣",而对方却不怎么死,是个成人都不会觉得有意思。实际上我真正的意思是想说,女孩子的矜持让人感觉美好,而其最美好之处却在于矜持之下最热烈的赤诚。这是女性内心的爱情。

第四编　幸福与快乐

>>> 幸福意志 >>> 　幸福意志 >>> 　幸福意志

>>> 性别的美丽

人间的刚阿、作态和俗常并不能使我们忘却关于性别的美好,如同男人会幻想着一种女人——自尊、洁净如水。也如女人会想象着一种男人——正直、幻想如花。尽管现实永远让我们失望,但不管怎样,我们会永远无条件地相信,世间有一种来自性别的美丽。我们在努力地寻找,即使从来没找到,可是依然还在找。这是人间的一种最为根本的信念。显而易见的是,这种信念并不来自可见的事实,它只来自人类的机体。这种机体的信念,使我们对生活的热望永不消退。解开"人类机体信念"这一神秘事件的谜底,需要从种族进化中群体与个体的关系中找原因。我的意思是说,人类个体所持有的机体性信念,动因于群体进化的结果凝结于个体内心的集体无意识。与此,我指你所持有的有关"找就会找到"的信念,本原于人类群体"找就能找到"的进化结果。文明就是如此进步的。个体人生的悲剧在于,具体到你自己,"你的寻找"却未见得就一定能够"找到"。但不管怎样,你的失败,永无方法消退你的信念。换言之,历史永恒进步,你个人却无法超越祖先。

>>> 两小无猜与文学

　　如果我触了电,闹得我上蹿下跳,我通常能够很好地理解这种因果关系,不会老去问为什么。这没什么好问的,再问就有些发傻。然而当童年穿着开裆裤的无猜二小,不知从哪一天开始,从对方身上感到"性"的吸引力,这便会弄得人有些不安。于是他便会反复地追问"怎么会这样",并从中感受到生命的神奇。显然"理解"有两种,一种是"理性的理解",一种是"机体的理解"。"机体的理解"显然已经超出了人类理性的理解力,它闹得人神秘而惊异。"理性"所理解不了的东西,便只有描述它,从仔仔细细地对它的描述中,间接地表达自己的昂扬、哀怨与甜蜜,因此文学得以产生和延续,因为文学源自对生命的惊奇,并且这种惊奇难以被压抑。同时这一描述的过程,也使文学成为接触世界本质的一种方式。

>>> 心　死

　　常言道"哀大莫过于心死",实际上,"心死"是非常困难的,它比所有那些需要花费大量心力的事情要困难许多。心都死了,还有什么哀呢?所谓"哀大莫过于心死",是指那些"心"还没有全死而只剩下了"哀"的人。"哀"没有关系,因为心还活着。"哀"是一种体验,体验是可以改变的。尽管对这一点你或许有些怀疑,这同样没有关系,因为至少有一点,就是也没有人能够证明,体验是不能改变的。因此,你不必"心死",原因是:它没有道理。或许需要补充的一点是,人类发展的经验表明,"哀"的变化是可能的,"哀久了"就会产生这种变化。如果"哀久了"依然无法产生变化,那么说明你太笨了,不具有从"机体经验"中自发学习的能力。

如是,从人类心灵的机体层面看,幸福人生的实现具有"自发性"。实际上,有心理治疗意义的是,心中只有"哀"的人,其主导的冲动总是要先倒掉那些"哀"。实际上,这不是出路。"哀"是倒不掉的。倒掉"哀"的方式是,往自己的内心注入新的欢乐与爱,比如通过建设性的行动去满足自己的心灵。

>>> 天才与机体能力

作为一个男性,如果你在某一方面"真正"能够理解女人,那么与其说这证明了你有很强的理解力,毋宁说这表明了你在这一方面绝对"是"一个女人。而"是"与"不是"一个女人,源自心理特征,它和一个人"外显的"生物性别绝然无关。此点大概如同某一男性作家对女性心理的精微描写。本质上,它决不出自一种生活、逻辑与技巧,而只来自某种不寻常的机体能力。真正的天才与天才的稀少或许应该做如是观。心理学家容格说,在男人与女人身上同时存在着"男性"与"女性"的心理原型,其意义也大致如此。仔细研究,我们会发现历史上为数不少文学艺术天才,其内心"异常男人",同时又"异常女人",说明他们内在的"男性原型"和"女性原型"同时强大,因而同时具备了男性与女性心理特质上的优点,所谓刚柔并济。民间有一种说法,说是"公带母相"的男人,通常会有大作为,说的就是此意。这是民间的智慧。

>>> "文化人儿"

一个人的文化水平不高,但这并不妨碍对某些事物充满了"感受力" 比如和那些可爱的小动物在一起,看它们左看右看,身上只有单纯没有一点罪恶,这会让你感到一种原初的生命间的亲切。比如我们生活在母爱中,内心温暖而洋溢。再如我们站在千年的古树前,那种长久的沉默,让我们的灵魂号啕而安然。在这一当口,我相信在生命之间,存在"灵犀样"的反应。这证明了什么呢?它证明了在一种根本的意义上,人和世界有着某种从心灵深处"接合"的可能性。如此,但凡是个人就有"文化",这种文化不是"哲学"和"Internet",而是作为人类这一族类的"生物性文化"。在我看来,那些忘掉"生命与感恩"的人,准确地讲,他们牲畜不如,因为他们连"生物性文化"都没有,其不得幸福可以想见。

>>> 父亲是悲哀的

女人总能知道这个孩子是自己的,不论是母系社会的女人还是21世纪的女人。男人却从来无法感到这个孩子是自己的,而不论这个男人是草民或者是皇帝。在过去,男人听女人说这个孩子是他的,而现在男人听科学家说这个孩子是他的,但不管怎样,他总是听别人说的。因此,与母亲相比,父亲是悲哀的。

>>> 男人与创造精神

听不少人讲过,做爸爸的那一天没有什么感觉,并且不光是那一天没有什么感觉,做父亲都快半年了,也没什么感觉。我相信这些人是诚实而不虚妄的。在我的理解中,男人相信孩子是自己的,不是从听别人说这孩子哪长得像他妈,哪长得像你的那一天开始的,而是从孩子"认你"的那一天开始的。当孩子"认你为爸爸"的时候,当孩子伸出小手儿,蹬着小腿儿把自己幼小而完整的生命放心地全部交给你的时候,你知道你成为"爸爸"了。这是我所指认的男性"生物性的机体反应"。也许真正有心理学意义的是,男性无法生出孩子,使得男人在从机体层面无以成为某个特定个体的"父亲"的同时,其生物性的机体反应,使其在精神上成为"人类的父亲"这一出路成为可能。其原因在于,只要自我足够强大,只要别人"认我",那么我便可以成为"父亲"。这种"人类的父亲感"可以解释男人在历史中的社会责任,及其这一性别在种族延续中的创造精神。

>>> 没什么好说的

爱情这东西令人迷惑,之所以令人迷惑,其全部原因皆在于它是种"机体感受"。尽管这种感受是你自己的,你对它却有些难以认识和把握。什么相互理解,志同道合,什么价值观和"你喜欢哪种类型"等等,和你自身关于爱的机体感受相比,至多只能是无限接近而不能最终抵达。我指把你能够认识到,能够说出来的你喜欢的那些东西全部给你摆那儿,你不见得一定就能产生那种"爱"的感觉,或者是没有那些"你说的东西",你却可能又产生了"爱"的感觉,这些便都是你的认识没有抵达你的爱情的证据。于是,生活中人要是真的遇到自己的爱情,通常就会既有高兴,又有些无措。这相当于你在那儿结结巴巴怎么都还说不明白的时候,别人正好给了你想要的,搞得你忙不迭地只会说个"没错,没错"。它还像你丢掉的钥匙,即使被别人神奇交还的时候,你还是完全想不起丢在了哪里,这时你也只会说个"没错没错""就是它""谢谢谢谢",此外,你还能说什么呢?我相信,这是"爱者"从不去谈论爱情的原因,他实在是没什么好说的。

>>> 爱情"先验"论

性发育早于性对象,这听着像废话,我的意思是说,一个人只有内心有了爱情,他才可能遇到爱情对象,听着还像废话。实际上我想说的可能是,在你未曾遇到"爱的对象"之前,你内心就已经产生和经历了并无现实对象的"自身的爱情",那种具有你自身独特性的身体的唤醒和你的内心完全说不清楚的想象及其满足,都正在形成着具有独特性的你的"爱情",尽管那个特殊对象还没有出现。于此,我指否则的话,你如何能够体会到你遇到了"爱情"呢?这种"对上号了"的感觉便是认识论中所说的"先验"的含义。实际上,爱情的那种在词语意识上完全说不清楚的性质,本质性地成了机体神经活动层面的最为清晰的印记,这种印记越是清晰(在这一点上人与人是不同的),一个人爱情的直觉性越强。在这一点上,不懂心理学的普通人,会认为是对方"令我"感觉美妙,而她怎么就"令你"了呢?于此,心理学家会说,那是因为你有着对方能够让你产生"感觉"的身体。身体是哪儿来的呀,是你自己练就的,因为此前你还没有见过她。

>>> 孩子是谁的

男人说出"孩子是我的"这句话来,来得不如女人理直气壮。原因是简单的。在多数情况下,不论是男人和女人都是女人生养和带大的,因此他们都能从"机体"上确认自己是女人的,孩子是女人的。遂当女人成为了母亲,这便成就了女人关于"孩子是自己的"这一表述的"理直气壮"。与女人相比，男人很难从"机体"上确认自己也是男人的，遂当男人成了父亲，对"孩子也是自己的"这一点，其不够"理直气壮"便可以理解。自己都说服不了自己，再去说服别人，底气不足，也不足为怪。

>>> 神奇的母爱

只有当我们被慰藉的时候才知道什么是慰藉。然而当我们被某种上帝的尤物所慰藉的时候，我们只能感受到被慰藉，却从来不知道为什么她就能够慰藉我们。因此，母爱是神秘的，而母亲便是神奇的。

>>> 母亲与神化

任何自我从"机体层面"无法实现理解的"好"东西都会被人神圣化，我们会认为它们高尚得不得了，让我们感动得不得了。在这种意义上，孩子永远无法从机体层面理解母爱，所以他们便会"神化母爱"。仔细观察，我们会发现，男人对母爱的颂扬和神化会持续终生，其原因在于男人终生无法从"机体层面"理解母爱。在这一点上，女人则不然，至少她们对母爱的歌颂不如男性更为赤诚。原因并不复杂，女人与男人的不同，是她们最终也做了母亲，在对母爱实现了"机体理解"的过程中，发现了其世俗的层面。

>>> 牲畜不如

人和人之间委实有着很大的不同。在我的感受中,当我面对"真正的爱情",那我肯定就难以有其他的"性意向"。反之,当你内心存在着其他的性意向,那么你的所谓"爱情"根本就不再成为爱情。真正爱情般的感受通常以感受野的狭窄来界定,这是"忠诚"的机体原因。它具体指,不管别人多漂亮,多性感,于此,你只能"看见",只能"知道",但却缺乏相应的情感唤醒(arousal),也很难支配你的认知及行动。"专一性"的感受是爱情的核心特点,连低等生物都如此,于人更加简单易得。我如是体会什么是堕落。我对堕落的定义是"牲畜不如",和牲畜一样的行为不足以叫做堕落,因为人有理由具有生物本性。

>>> 自然神论

自然科学研究的入手点是把自己放在世界的对立面,因此当科学家发现科学规律时,他们通常会产生一种对于外界的洞悉和控制感,并为自己的发现感到得意。这通常是平庸科学工作者的所作所为。对真正伟大的科学家来讲,当他们发现宇宙的秩序是如此的浩瀚,以至于将他们自身也不由分说地掳进其中时,他们便会被一种广袤天地间的规律和秩序感所震慑,进而产生一种对于宇宙与自然的敬畏和宗教感。这种感觉源自一种体验,那便是与"创生"相比,"发现"算不了什么,这就叫做自然神论。

>>> 精神分裂与被洞悉感

人是宇宙的产物,因此人类内心的心灵秩序和宇宙秩序存在着基本的共通之处,这一点也就完全可以理解。这种"共通感"大科学家可以感到。同时,他们通过主动的创造性研究,"证明"这种共通秩序的存在,并因此感受到一种对外部世界的洞悉和控制感。有趣的是,某些精神分裂症患者似乎也能够"直觉地"感受到自我与宇宙关系的共通之处。可悲的是,他们没有把这种共通关系"符号化"的能力,而只能对自己的直觉做出了无根据的信念性反应,也即无缘由、无证据地就那么去相信,形成作为精神症状的"被控制"与"被洞悉"感。精神分裂症病人残存的现实知觉,使他们无法说服自己有控制别人的能力,因此只能以一种被动的方式去感受,例如自己没能洞悉别人,却被外物与别人所控制。心理学家 Otto Rank 讲,神经症患者是"瘫痪的艺术家"。在同样的意义上,我们可以讲,精神分裂症患者是瘫痪的科学家。在最低的意义上,精神分裂病人提供了关于世界与人的关系在其最抽象层面的"意义直觉",他们的价值我们必须承认。

>>> 妓女与长不大的孩子

诺贝尔文学奖得主维·苏·奈保尔在获奖后,谈到他对那些在他情感上最为困顿的时期,曾给过他性慰藉的妓女有某种感激之情。对宿妓这一话题本身,我不感兴趣。通过此事,或许我们应该问一问的,倒是这种感激意识的由来,你瞎感激什么呢?对方是为了挣你的钱,又不是为了你。但不管怎样,这种感激意识却依然不由自主地发生。如此看来,感激意识不是理智的产物,而是机体的反应,它不介意对方是什么动机,其本质是孩子式的。孩子的内心语言是,你给我好吃的,我就感激你。

在这一点上,孩子是可以理解的,因为他还没长大,然而成人同样有这样的机体反应,它并不随着年龄与阅历的增多而有任何改变。在这种意义上,人不仅是糊涂的,并且是永远长不大的,它同时成为成人世界中,理智与情感冲突的来源。

>>> 实验室小白鼠

>>> 有一种快乐不能分享

每天我要给我实验用的大白鼠喂食喂水,有的时候稍一疏忽,换水的时间晚了点,整个水瓶就干了。当我再给它们灌了满满一瓶水,八个小家伙就会挤成一堆儿,一块儿伸着嘴使劲地喝。有些老鼠比较窝囊,从上面挤不进来,便只有让别的老鼠压在底下,脸朝着天上却要往下喝水,这很不容易喝到。不管怎样,水口前面就有八张小嘴儿异常投入。老鼠在喝水,我倒挺有兴致,这叫做生物性情感。这种生物性情感有些人有,有些人没有。我的同事就经常疏忽他的实验动物,水瓶干了也不管,这时我就会帮他换上,站在老鼠笼子前看它们喝水,直到它们喝够了各自跑去玩了。关于这件事,我决不会告诉我的同事。我相信这并不代表我是高尚的,而是我相信只有那些有着生物性情感的人,才会懂得这种哺育的快乐不能和别人分享。果如此,你大概应该能够体味母亲何以为了孩子可以如此长久地奉献,默默地而毫无声响。在这种"付出"中,有着不可让人分享的隐密的快乐。

>>> 温柔与责任

关于喂食那些老鼠,还想再说两句。我想我能够做到每天准时给老鼠喂食喂水的原因,这决不是因为有人这么要求我,不是因为什么动物饲养规章条例,而是因为那些小动物太无助了,口干舌燥,还只能可怜巴巴地就在那里干等着。它们什么都没明白,既不委屈,也无怨恨,只会到处找啊,又找不着。这一日常的罹难,令我内疚并产生温柔情感。实际上我想说的是,假如我忘记了给老鼠喂水,而它们生了我的气,老远地跑开了向我瞪眼睛、喷口水,那么我就会想,我该你的吗!你为什么不自己去找点水喝,我甚至会嘲笑它们的无能。在最高的工作意义上,我至多只会感到自己没有尽到义务,感到我违反了实验操作规程,却丝毫不会动感情。遂人间生活只是多了干瘪、怨黩的责任与义务,而不见了温柔情感。这一经历,让我理解了在懂得了权利、要求、争夺与怨恨的人间生活中,温柔之鲜见。

>>> 个性与性欲

我好像对长得特别漂亮的异性并无很强烈的接近的愿望,不论是生活中还是电视上,就像我总会觉得什么权威杂志上评选出的标准美女,一点都不能吸引我。我的感觉是,特漂亮的女人相互之间,通常在鼻子眉眼上都会有些相像。这种相互之间的"相像"使人失去个性,好像恍惚间站在你对面的人,成为了一个符号,成为一个叫做"美丽"的名词的演示标本,而我却不想"看演示来上课",我不是美术学院的。在这种意义上,人似乎可以分为两类:一种人喜欢在"长相"上有些特点的女人,漂亮一点点就够了。另一类人可能会更喜欢那种所谓的"标准美女",也所谓"长得没毛病"。我没有做过社会调查,但在这一点上我大概相信,那些喜欢长相上有点特点的女人的男人,个性可能更为敏感,文化水平也或许高些。在其首要的方面,这决不是因为他从理性上知道,"个性才是性感的根本",而是因为他或许有着一种淳明的机体能力,能够在"抽象的符号"与"生动的生命"之间做出区分。

>>> 惊人的假说

天真无邪的小女孩说出皇帝没有穿衣服,这可以叫做惊人的发现,其原因主要在于大家过于懦弱。我找到了一个生活中的证据,证明人类在"本性上"缺乏进攻性,进攻性只源自对自身危险处境的防御。因此,也从中见得了人类本性上的"善"。比如,乒乓球队教练员总是能够发现,多数运动员在打球时,自然出现的反应总是倾向于去防守,我指第一反应只是想把球凑合打过去,随便地搪塞过去。训练时,想要运动员所谓"主动上手",也即别人还没招他时,让他一上去就打别人(指球),总是需要一遍遍地教,甚至教都不容易教会。

>>> 善良的人

父亲出殡的那天,爸爸的一个学生、我的好朋友,和我们到殡仪馆送行。他和我说,他最不愿意来的,就是这种地方。他是医院的内科主任,做医生做了20年。这些年来,医院里去了不少人。而送人,他只来过一次,这是第二次。他很难过,脸上的眼泪很多。眼泪很多,那些大粒、大粒的眼泪,不像是眼中流出来,却像是从四面的额头上流下来,满脸都是,眼睑、两腮、下颌、脖颈……阳光下,眼泪使那个粗壮的男人,像一个通红的玻璃人,质地粗糙,嵌满大小不一的哽咽与光芒。我很感动,为着父亲的生命所赢得的爱,同样为着那个善良的男人。这一镜头,留给我的印象很深。它在倾刻间,使我胡乱却异常坚定地确信,爱与善良,瞬间成就人世的最高价值。我知道上述结论十分武断,但我并不想听你说些什么。

>>> 深度的满足

人是可以活在自己的精神世界中而不顾一切的,这样的生活事实似乎难以否认,就像为了领袖的号令而不顾自己成为终生残疾。这一点历史中屡见,尽管现在很少出现。在这种意义上,临床心理学研究揭示了一点,就是人在情感上的满足有着"不同的深度",它指当"深度的情感"获得满足后,"浅层的满足"便无意义。这一点并不复杂,是所谓"历经沧海难为水"。如此看来,尽管头脑简单的人可以轻松地获得幸福,而我又不想成为头脑简单的人的根本原因,似乎并非在于"已经没有办法"再成为这种头脑简单的人物,而是因为,于我,已经"不再希望"成为这种人了。与此相同的情形还有,关于思想者的清醒会造成不少痛苦。

>>> 美丽与痛感

与其说咀嚼一种美丽的痛苦,不如说咀嚼那种痛苦中的美丽,这是常人之见。真正有心理学意义的是,"痛并'同时'快乐"是产生快乐的至高源泉,至少它高于所谓"痛快痛快,先痛后快"的"次序性"快乐。此点甚至有着生理基础,它像喝浓茶,也像性窒息("人为地"增强生理性的性快感的一种方式)。在这种意义上,只有其中蕴含着"同时性"的"苦",才能使你达到快感的巅峰(预言是,神经科学在不远的将来,将会证实这一点)。如是你便可以理解,所谓 S-M 游戏(受虐与施虐)者通常无视于性交本身,指他们会觉得普通的做爱没有什么意思,原因在于,他们发现普通的性活动通常只是快感,它制造"同时性痛感"的可能并不充分。这至少成为 S-M 活动的原因之一。

>>> 个性是性感的最高形式

也许揭示"个性是性感的最高形式"的最为准确的例子莫过于 S-M。我相信通过一些"前戏"性的仪式化行为,例如鞭挞、制造疼痛等方式实现 S-M 的活动,肯定不是一种最优选择,而只是种等而下之的方式。在我看来,"最高的性感"源自人类的个性。其原因在于,个性的表现是"弥漫性"的,它充满在生活的各个瞬间。因此,具有"施虐个性"的人会使那些有"受虐倾向"的人,随时随地充满弥漫性的"痛感"。这一点不像 S-M,后者的"痛感"过于"具体"而不够"弥漫"。重要的是,"施虐个性者"使"受虐个性者"在性快感中充满着"同时性的痛感"。在这种意义上,我们便不难理解,某些有受虐个性倾向的人,何以能够在极大程度上,离不开某些有着施虐个性的对方,尽管两人在"狭义的性行为"上没有任何特殊之处。

>>> 父亲无处不在

我的家中是好几只老虎加上个猪、马、兔,这是我们孩子们的属相。每一年过大年三十的时候,大家就在一块儿热热闹闹,大肉大鱼地吃上一顿。家里厚顿的大方桌子高昂地摆在北方 20 世纪六七十年代热得有些烫人的炕上。吃过午饭,所有的猪、马、兔都迷迷糊糊,原因是都饮了酒。这时一只上了年纪的老虎就会让所有的老少顺势翻倒,原因是窗外结着霜花,屋内蒸汽腾腾。这时那只老"老虎",他就是我的爸爸,会把一切杯盘气球碗柜灯笼统统打包到厨房,在屋里屋外转啊刷呀擦啊扫呀,直至鼾声此消彼长。我在这样的家庭长大,在这样的家庭中长久地入睡，内心就充满了安全感。直到自己独自一人到外地生活，没什么人照顾自己，也能把不少事放得下。门钥匙到底放哪儿了呢？桌子上，书包里，还是掉在地上？算了吧，起来再说吧。在我的内心，我总会觉得父亲就在炕沿儿就在床边儿，一趟趟地走呀转呀，他会帮我把门钥匙收起来，等我醒了之后去问问他吧。我这样理解去世了的父亲与我的关系。那一只上了年纪的老"老虎"的爱，使父亲无处不在。

>>> "丰胸"和个体差异

人可以分为两种，一种人可以容忍、支持甚至怂恿自己的老婆去丰胸，之所以如此的原因是，事后他们的性感觉照样产生不误。与此相应，另外一种人便不会支持自己老婆的这种行动。原因是，在这种情况下，他们无以产生"感觉"，他们有可能在不适当的时候，头脑中产生关于硅胶或者什么"其他地方的脂肪"之类的意识。他们宁愿在他们自己不知情的情况下，结识并娶了那些已经丰过胸的身材凹凸的漂亮女子，哪怕最终获知了实情。但即使如此，影响也不至于太大。尽管没有调查，但我相信，这后一种人比前一种人在人数上要多。这种人数上的"多出"具有心理学意义，它指大多数人在恋爱中建立起来的美好形象，会在人心中扎根（神经科学把此称为 neuroadaptations）。"根儿"都扎下了并对其美丽坚信不移，"果实"不见得每时每刻都被刻意地"盯着"，否则就像个园林局"看树林的"。换句话说，"根儿"是好的，那么最终会是好的，它容得人在想象中感受到美丽的枝繁叶茂。这是敏捷之士所谓"需要从头恋爱"的原因。

>>> 寻找父亲

俗语讲，师傅领进门，修行在个人。后者有些关键，这没有什么好说的，原因是事实如此。但在这一点上，被师傅领进门的徒弟却不见得一定会这样理解。此像小孩子蹒跚学步时，你扶了他一把。其实你不扶他这一把，他最终还是会走路的，是所谓"修行在个人"。尽管事实如此，但"扶孩子的这一把"却会在孩子的内心产生不同寻常的心理意义。其实，我真正想说的是，即使你自己有能力探索到自我成长的道路，但你似乎更为需要在"别人的辅助下"，"由别人带着"，探索到自我的生命道路。在我看来，这是一种"寻找父亲"的冲动，其原因在于，你需要从内心知道，所谓的"关于自己的来由"。用心理学的话来讲，后者与人类种族生命的生存链条有关，因此变得重要。果如是，我们便可以理解，那些没有父亲及其类似传承关系的人，尽管从"生存本身"上看，可以活得好好，但是内心却弥漫着长久的痛。

>>> 神经科学太落后

女人可以分为两种，有些女人由于种种原因嫁给了自己不爱的男人，依然是种种原因，她们甚至可以和对方长期生活，但是却不愿意为那个男人生下小孩，她会觉得孩子的纯洁性被两人之间的非爱情关系所污染，因此孩子不够纯粹与干净，这些人具有机体水平的理想主义气质。有些女人不同，即使和一个自己不爱的男人，她也可以去生下个和对方的小孩，在她的内心感觉中，她似乎会觉得那个孩子只是自己的，好像跟别人没什么关系。后者像个旧时代的妇女，而前者像个女科学家，她了解卵子和精子的关系。如何理解这两种不同女人的长成呢？从神经科学角度看，这两种女人实际上长着两种完全不同的"大脑"。第二种女人想到"可能的孩子",一激动就模糊了那个她不太爱的男人,她是此种大脑功能;第一种女人不同,她一激动,那个男人的形象,不仅没模糊,反而更加清晰了起来,这就让她不高兴,她会说"那就算了吧",她长的完全是另外一种脑子。两种人无所谓谁好谁不好,她们只是不同的巴甫洛夫条件反射者(Pavlov's conditioning)。恋爱的不易把握也在此,脑子内部到底什么样,这谁能知道,神经科学还太落后。

>>> 千里筵席

我们在快乐的筵席上和筵席散了的时候,感觉总会不一致。千里筵席无数次终难免一散,人便像是在交错的杯觥中隐隐地窥见了什么,无法投入快乐了,他的眼光转向了他处,似乎瞥见了人作为独立个体终归的孤独。如此看来,快乐绝然肤浅,体现在有一种神秘的东西制约了它,遂有人把它叫做"意义"。不管意义是否真的存在,人总是希望意义存在,因为只有这样,人才有可能超越终有一逝的快乐。某种意义上,"意义"是人生的一种信念,也即心理学家 Victor Frankl 所谓的"意义意志",其成为信念的原因在于:人愿意如此相信。遂人生对意义的追求便成为了不管其结果如何的一种恒久的动机。进而言之,人在对"意义"的寻找上是不可能绝望的,否则他便不再是个人。哪怕为着"无法找到"而焦虑而抑郁。对于后者,他宁愿如此。因为焦虑和抑郁,痛苦与悲哀等等,都正在从相反的方面,表现着他依然的"相信"。这一点,成就了那些敏捷之士之所谓焦虑和抑郁作为人类存在的"最后尊严"。

>>> 无意识思考

要去旁边的小超市买些家庭卫生用品之类的东西,事先想好了买什么,最终却发现肯定还是有一样东西没有买,什么东西呢?忘了。没办法,我只能试着沿一排排货架随便溜达。"卫生球"!终于想起来了!但问题是,我到底是怎么想起它的呢?那一当口,我根本没有看到它,或许只是由于那些大概相关的味道。想来一种可能是,当我准备要去买卫生球的时候,我肯定在脑子中"闻"到了它,并且把这种"嗅觉"存储了起来。而当我再闻到相关气味的时候,我便容易想起意识中已经模糊不清的东西。这件小事告诉我们,机体的感觉很重要,并且由于进化上的原因,它比意识本身更反映了你原初的念头和更根本的关注。想来,这是我会经常陷入沉思,只知道自己在想事情,但又不知道在想什么的原因。或许这种"不知道自己在想什么的无意识'思考'",具有更为重要的心灵意义,它使你注意到那些于生命更为本质的东西。在此,我肯定不是指卫生球,这一点你是知道的。

>>> 音乐与机体

有些时候,工作得累了,我会在家中狭小的空间内,随着音乐跳上一些舞蹈,比如《生如夏花》。本来很高兴,不幸还是会出现一些"二百五"的状态。它指我过去编排好的一些动作,比如《娜鲁湾情歌》中的那些,怎么都想不起来。这令人沮丧。偶然打开《娜鲁湾情歌》的mp3,突然间,那些较为精神的动作又神奇地恢复了,这令我开怀。问题是,为什么一开始跳上"生如夏花"的时候,我无论如何就想不起那些在《娜鲁湾情歌》中的那些动作呢?想来可能的原因是,动作和音乐所形成的记忆,都存储于你的机体内,而不在意识中。你已经编排好的那些动作只和《娜鲁湾情歌》在无意识层面相联系,也如同你只有在"生如夏花"的音乐与心情中,那些因了"生如夏花"的动作,也才会应运而生。换言之,你在歌中去表现"夏花",你是表现不出来的,这由不得你。此如同,我认识的一个女人叫做"情歌",那么我心中无日无夜生长的"夏花",便被压抑了。我如是理解人与人之间的关系。

>>> 恋爱无需努力

关于在情歌中去表现"夏花"你无法表现这一点,我想再说两句。它让我想起,你没有的东西固然无法表现,你有的东西也不见得就一定能展现出来。能否展现出来,在某种程度上,它与我们的"意识"已经有些脱钩。此点如同你是否能够展现出那些业已印记于你内心的舞蹈动作,取决于你深入到什么音乐。不是那种音乐,你自身的"本质"便会被压抑。于此,百姓有着同样源自经验的体会,就像你的心里话,跟某些人却无论如何也无法谈起。能否谈起,它像种"自然流淌"。用敏捷之士的话来讲,当你的心灵"无法流淌"的时候,那么它除了证明了你"无法流淌"这一点之外,它什么都证明不了,并且与一切事情无关。在这种意义上,当"流淌与不流淌"取决于别人而非自己的时候,你就应该知道爱情的本质属于一种赐予。我如是理解生命中感恩的态度与恋爱无需努力。后者有着语言发生学上的证据,我们只听说过要"努力学习",从未听说要"努力恋爱",这没什么用。

>>> 造神与毁神

　　大量心理学研究报告证明了"神"是人造出来的,造神运动源自人类的无意识动机,目的是向"神"认同。实际上不常提的一点是,人们在"造神"的同时,另一无意识动机是"毁神"的冲动。当"神"能够促动个体成长的时候,"神"是需要以被夸大的方式"造"的,原因简单,这于自身有利。当自我在这种向他人的"认同"中成长后,"神"是需要以一种夸大的方式"毁"的,原因也简单,还是于自身有利。上述"毁神行为"具有"出气"性质,其"气"源自认同过程中所压抑的心理成分。换言之,他会"毁"得过分。需要强调的是,毁神行为尽管具有心理过程上的合理性,但它使无辜者受到迫害。比如现在,不少人就会以一种过度的方式攻击那些过去曾经让他们认同过的"文化名人"。这些人被"毁"得无辜。附带说两句,心理上真正健康的成年人,造神和毁神的冲动都不强。第二,上述造神与毁神的过程,完全适合于成长中的儿童与父母的关系。二者按照完全相同的逻辑获得发展。

>>> 消灭敌人

　　从"三者"的合同关系上看,我指的是婚外恋,如果"对方"有婚外性关系,那么"本方"便会对"对方"心存厌恶,关系僵得要命。但是一旦"本方"报复了"第三方",我指第三者,比如闹得其身败名裂,"本方"和"对方"之间的情感关系甚至身体关系,就会倾向于缓解,我指对"对方"就不那么厌恶了,这不少见。怎么会如此呢?其实,"本方"和"对方"实质性的情感关系并未获得改善,精力都用在消灭敌人上了,从未用来改善家庭关系。这件事说明,"本方"对"对方"的厌恶感,至少与想"消灭敌人"

而"还没有消灭掉"存在关联。是敌人的存在平添了对"对方"的厌恶。"消灭敌人"会使两个人之间的关系得以改善的这一事实,说明人是这样一种动物,他追求不到完善,至少会有追求完善的可能性,例如把敌人全部消灭干净,世界就是他的了,或者迟早就是他的了。关于征服世界的问题,如果一时没有成功,那么没有了敌人,也还凑合,这就叫"占有欲",它代表"永恒"的可能。

>>> 怪发式与反叛

孩子的反叛容易理解,因为在父母身边待腻了,就老想往外跑,原因是他实在想看看大千世界。相反成年人非要追求与众不同,比如留个怪发式,就会让人不知道他到底想干吗。对于生活,这些人似乎隐约地感到自己内心有些"不服",但又说不清那些"不服"的东西是什么。实际上他所"不服"的,与什么领导、老婆,不好相处的人、工作上的烦恼之类完全无关,但是他依然想昂起头来。在我看来,人在世上生存,内心会存在不少压抑,有些压抑甚至意义重大,比如青春与生命的必然流逝。因此对这些他所"不服"的东西,对这些即使"不服",但在其面前,自己又注定要失败的事物的最为充分的抵抗,就是彻底地昂起头来。他不仅要昂起头来,为了证明他内心彻头彻尾的"不服"与"不怕",他还要让对手清清楚楚地看到和知道自己是谁。这样,即使他在和命运的争斗中"完败",即使粉身碎骨与七窍无全,他也要让对手从记忆中永远抹不去这个打不服的"臭小子",留了撮儿"红毛儿"。上述是人的心情,也是事件的原因。

>>> 从他人脸上读到我的悲哀

生活中,我最难以容忍的,就是看到朋友对于生活的麻木与无热情。我们一起吃饭(我们如此的"要好",过去十几年,我们无话不说,甚至说都说不够)。在长久的对面,热烈、生气自然没有,悲哀、抑郁也没有。闷头各自吃饭,相对无一言。在这种相对无言时,我的心情极为不好,那种感觉似乎没有伤害对方到不能容忍,却可以叫我死掉。立时,我恨不得马上离开这个环境,以避免一死。我怎么如此之笨呢?连这点事如何都说不明白。实际上我是在说,我过去许多很好的朋友,在下了班的多半时间,都龟缩在家里很少联系,长时间像消失了一样没有音讯。原因是我13年前认识的充满生机和活力的36岁的艺术家,今年已经快50岁了。我还是没有说明白。为什么我死活就不肯往"本质"上说呢?我是在说,我明确地从某些时候的生活中,嗅到一种"等死"的气息,在温暖、如意的生活中"等死"的气息,等到它用无法阻挡的美丽岁月带走无意义的人生。我已发现,我难以容忍的,是它!

>>> 被生活所调动

我说过,"抑郁"、"烦躁"、"焦虑"、"悲哀"全部都在代表着一个人从内心中对生活充满着满心的热爱,只不过是这种热情受到了生活的挫败。也因此我甚至不讨厌什么"抑郁",因为我更喜欢其所代表的从"底下"往上涌动的热情。我们倒霉透顶,但至少可以赌咒,可以悲哀,可以在唉声叹气后变得疯狂、自大,变得不介意人世间的一切东西。但我们最终会失落它们,对一切都变得"无谓"。当我的朋友一个接一个全部都变成这种人,它是我生命中最大的悲哀。我要说的是,我是一个具有决不随时间流逝与年龄增长而丧失生活热情的人,但我似乎对自己有些知觉不清,似乎感到光靠自己的力量又无法成为这样的人,因此我需要别人的"协助",比如看到他们"或振奋","或消沉",但在其全部性质上所表现出的"生气"(生机)。换句话说,在生命流逝面前,我最高的能力,是直到七老八十,依然能够保持被天地热情所调动的能力。在这种意义上,我喜欢我的一个朋友,他也四十出头了。我觉得和他待在一起还有意思,因为他永远在和我叫着"活着真没劲呢"。他那种挣扎与不甘的"想活得有劲"的状态,让两个生命之间产生交响。

>>> 兄弟姐妹

我以为人要是太坚强,就不会有兄弟姐妹。实际上我在这说的是,电话铃突然响起,朋友低沉而急切地告诉我,他要崩溃,需要我马上就到。没有任何疑问,我肯定马上就到。于此我的意思是说,不论如何,人得被别人需要,或是需要别人,得表达需要,或是愿意帮助,如此一个人在心理上、在情感上才能有兄弟姐妹,原因在于我们就是这样长大的,或是说"兄弟姐妹"就是如此定义的。于此我指在成长的过程中,你和世界相互信任的关系。无头无脑地信任别人与世界,这很没谱,因此你才会在这"没谱的"世界中遇到了"真正的"兄弟姐妹。我是在说,广义地看在依赖与信任的关系上,"兄弟姐妹"是我们成长的源泉,"兄弟姐妹感"是我们能够活到今天的原因。我们是如此长大的,人类历史就是如此发展的。也因此,"兄弟姐妹感"成为人类内在的规定性,成为人类的终极价值。附带说一句,作为异常发展的人类潜能,缺乏"兄弟姐妹感"的人是存在的,但是这种感觉的丧失,它并非人性而是人性异化的结果。

>>> 风中的眼睛

歌中唱"风中的眼睛"看到"风中的心情",非常美。此刻,这"风中的眼睛"让我看到的是我"眼中的'理解'",原因是我是搞心理学的。这一点没什么问题,因为"眼中"关于对世界的"理解",最终也确乎会关联到人在"风中的心情"。这像绕口令,于此我是在指一个人如何感知和理解事物,最终也将决定其内心世界到底生发出什么样的风景与心情。于此我是想说,"理解"这东西不太好理解。比如别人说,我不爱你,它就不容易理解,你老是想问"为什么"。可见你就是"没理解",因为你要是理解了,就不会老问为什么。例子是我的小侄女长大后打死也不会喜欢我这种男人,原因是她爸爸是个特别宽厚忍让的人,这才是她内心的好人。而我是个充满"捍卫精神"的人,像个刚从战场上下来的满身脏乎乎的战士。你想,侄女是个都市爱美、爱干净的小女生,自生下就从未见过战士,你的突然出现会吓她一跳,躲你都不及,怎么会喜欢你呢。也因此,我的理解力就强些。于此,别人要是说"我不爱你",我就会连连点头称是,像遇到了把本该分给自己的房子分给了别人的上级,并真诚地说道"我理解,我理解"。

>>> 温情和蔼

对于人类,生物精神和品格精神都要具备。但在品格之美之上,缺乏动物之美却足以成为一个不小的缺憾。实际上上述全部不是我想说的。我想说的是,长得不好看的我及我的同类物,还有就是过了生理巅峰的老年是否也可以具备生物精神,才是问题所在。在我看来,生物精神和上述那些于自身不利的生理因素没有本质关联,此如同长得帅气、俏丽的年轻人可以完全没有任何一点生物精神。"生物精神"这一词汇叫得好啊，因为说到本质它是一种对"生物之美"的精神感受与传达，而不是外貌、年龄与皮肤的紧绷。偶尔去动物园，会见到一些老猴子，肉身已有些累赘，跑跳缓慢，声调低沉，但往那儿一坐，整个身量和眼光都很有生物精神。生活中可见的是，当人具有生物精神，你会发现一个老男人和小女生手拉手搞对象，会让人觉得是那么回事，看了也不会让人不舒服，甚或很美好。缺乏生物精神就不行，怎么看怎么别扭，别人会觉得像骗小姑娘；严肃了也不行，像故做镇静；过于温情和蔼还不行，像父亲带着女儿出来旅游。

>>> 文化的机体层面

每个国家的足球队都有着自己与其他球队不同的足球风格。其中德国队和其他球队就显然不同，它像个直截了当的发动机。在足球场上，它跟自己说了声"我要前进了"，然后它就开始前进了。它让你听到发动机的声音，让你看到它在发动，它发动起来就不熄火，熄火之后在原地再次发动，它啥都不怕你看到，也不怕你知道，你知道不知道对它无所谓。它不用明晃晃，也不用轰隆隆，它根本不是给你看的。它不用脑子，只用意志。足球场上，它没战术，没机巧，没做态，没欺瞒，它啥都没有，只有直截了当的心思，就是要击败你，它只有导引着自己向前的眼睛。它从来没怕过失败，它不曾问失败的原因，也从不考虑为何再来，如是，它就再来了。换言之，那个球队在恍恍惚惚的"自我意识缺乏"之中，有着一种原始的力量。这种原始的力量用在足球场是好的、是美的，风格让人喜欢，但用错了地方，就会导致野蛮异常，缺乏反思精神的进攻性。我如是理解也正是这个民族，发动了二战。实际上真正有意义的是，某种文化现象有着生物体自身在其"机体层面"上的原因,甚至关诸民族性。

>>> 幸　福

　　如果你问我什么是幸福,我没有能力直接回答你。但是我可以告诉你,幸福有一个特点,那就是当你感受到幸福的时候,你是投入的、你是沉浸的,幸福会充溢在你的整个心田。重要的是在这种充溢、投入和沉浸中,你会忘记了你所未曾拥有的东西,因此幸福从来都可以不是一种完美。从这种意义上讲,对于心灵,"幸福"便是不完美的人生中所能获得的一种完美体验。

>>> 纯真与王八蛋

　　成人喜欢孩子的纯真,因为孩子有良心,谁对他好,他就对谁好。这一点可比成人要强上一万倍,因为成人会忘恩负义。在另外一种意义上,"纯真"的孩子又是最没良心的,这同样是因为谁对他好,他就对谁好,所谓"有奶便是娘"。从中只见得这个小家伙心中小小的"功利心"。不管怎样,孩子稚嫩的"唯利是图"通常并不影响成人喜欢他们的纯真。有意义的是,上述关于孩子的"纯真"不可应用到成人社会。成人生活中,如果哪个成人像孩子那么表现,谁对他有好处,他就对谁好,那就不叫纯真了,那叫"势利眼",那叫王八蛋。为什么成人和孩子会有这种差异呢?在我看来,成人可以叫做"势利眼"之类的"没良心",是因为他因"更大的功利"而放弃了良心,因此没良心。孩子不同,孩子的心灵还没有长成,他在"你对他好,他就对你好"的过程中正在形成良心,因此谈不到放弃良心。于此我的证据是,孩子会认那些"有奶的人"为娘,而自从有了娘,"娘"便是永远的"娘"。这是纯真的内涵。

>>> 养蚕人的后代

　　叶落只有归根才能震醒我们愚钝的心。其实何须叶落,叶自始至终都属于根。这种"根"的感觉是生命所特有的(这在神经科学上叫做长时程适应性改变),其大意是,不论你走多远,"家"永远是"家"。此点就像世间有很多"美好",但是你却只钟情于其中的一种。也像世间有许多"价值",但是你却只对某种价值有着一种区别于其他价值的体味。这些都是"根"的价值,显然更加重要。这让我想起了我是"养蚕人"的后代,"城市"中一切"罗绮者"的幸福,我只能拥有,但却不能融化我的心。从这种意义上看,生命中有一种幸福,它和我们的"根"相连,而与枝繁叶茂的美好与价值无关。我如此理解对于自己阶级的背叛或者永不背叛。

>>> 献身与欺骗

　　没有献身精神的人无法为一件事情真正努力和付出。换言之,"努力"和"献身"是两码事。其原因在于,为了某些事情我们所做的努力到底有多大,这一概念本身是模糊的,于此,人对自己是否"努力"的判断是主观的。换言之,关于"努力",这是能够骗自己的。"献身"与此不同,"献身者"是否真正做到了"献身",关于"身"到底是"献了"还是"没有献",界线非常明确,人于此事,明了异常,骗不了自己。果真如此,我们就比较容易理解,为了崇高理想奋斗的人很多,但是理想实现起来却比较慢。

>>> 让你的痛苦产生意义

有一种说法叫做痛苦是有价值的、有意义的，能够增加人生的厚度和底蕴。还有一种说法叫做有些痛苦没有意义，它们仅仅是痛苦本身，"受了"也就"白受了"，决不会产生任何价值。因此，于生活，痛苦到底是否有意义便成了一个问题。实际上，在我看来，痛苦在两个层面上发挥其意义：其一，你必须最终从这种痛苦中解脱出来。当你从痛苦中解脱出来，这种曾经的痛苦，便成就有着厚度的人生经历感。其二，痛苦在其"无法从中解脱出来"的层面上，也发挥着其更为本质的力量，其核心内涵在于"对苦难的承受"。当你能够承受苦难，不被苦难所压垮，你证明了你的价值与力量高于苦难，甚至高于生活。这一点，可以解释尽管"无所大成"，却有资格坦陈"我承认，我历尽沧桑"的普通人其心底的骄傲。具有这种骄傲感的人会轻视那些"成功与享乐者"，原因在于后者只能证明，自我的价值低于生活。如果让我对那些痛苦着的人们讲一句话，便是你活下去的唯一目的，就是要使你的痛苦产生意义。

>>> 心满意足

我们无法让自己感到心满意足，通常是指在我们尝试了各种各样可能的方式后，依然无法感到心满意足。这说明了一件事，就是心满意足是灵魂的事情，它和各种各样的"享受"、"享乐"没有必然联系。此点概如同哲学家卢梭所言，生命的真谛便是当我们心满意足的时候去尽情地感受它,要避免由于偶然的差错而把这种好兴致赶走。实际上应该问一问的倒是,为什么享受与享乐并不能必然使我们心满意足呢?原因只有一个,就是灵魂需要不仅仅只是享乐,还需要些"非享乐"性质的东西,比如焦虑、伤感与恐惧。人需要在涵盖"心灵发展可能性"的所有的积极与消极情感中,沉淀、沉默、怀想,进而把此凝结成对人类完整"心灵史"的坚实感受。换言之,在"人作为人"的最基本意义上,我们需要体会"完整的人类经验",需要把人类所有可能的欢乐与痛苦全部折射到自我的内心,其反映的是人类个体与其所属种族的本质联系,它是人类本性的一种,人类就是如此进化的。在个体与群体的关系上,这点像"全息学",也如同所谓"一草一涅槃"、"一花一世界"。

>>> 举重运动员不嫌丑

是比别人做得好一些更重要呢,还是超越自我更重要呢?对这样一个抽象的问题,我们的理性似乎难以给出切肤的答案,但是我们的机体或是说心灵却可以无疑地告诉我们。就像在举重比赛中,那些轻松地举起超人重量的人,通常让人觉得似兴奋而又"无谓",而那些努力承担起自己似无法承担的重量,在一种青筋跳出眼眶的丑陋的光辉中,在以我们有限的机体做出的最昂扬的挣扎而不屈的表情中,我们却感受到了一种失败者最高的尊严。从这种意义上看,人的心理和灵魂是有区分的,前者追求快乐,后者追求尊严、爱与崇高。崇高很重要,当一个人精神崇高的时候,它会让我们轻视那些世俗的"伦理纲常"。比如,对于那些具有精神光辉的举重运动员,我们早已注意不到,通常情况下不管是不是因为训练过多,他们的相貌多数不太好看。

>>> 我的爱不见了

如果我 10 年前用父母的钱出国,一般说来我会比现在更有学问,一般说来我会比现在更有钱。但我不愿意花他们的钱,因为他们年老了,因为那钱是他们省吃俭用一分一分地攒出来的。因此,一般说来我现在学问比不上出国,一般说来我现在钱比不上出国,但我对此却从未感到过任何一点点后悔。我之所以能够这样选择,源自这其中有着一种满足,这种满足便是我曾经和现在依然能够体会到的内心的爱。如果当年我用他们的钱出国了,一般说来我的学问有了,一般说来我的钱有了,但是我对他们的爱不见了。对于某些人来讲,这种爱的重要性须臾不能疏离,值得他们去放弃人世间几乎一切东西。

>>> 卑微者最高贵

哥白尼的"日心说"、达尔文的"物种起源论"和弗洛伊德的"人类潜意识论"是历史上三次对人类自大的严重打击,但是在人类的自大受到重创后,其尊严不仅没有泯灭,反而愈加提升。这只证明了一件事:如果我们承认尊严和自大有着联系的话,那么这种联系只能是战胜自大才能获得尊严。战胜自大方可获得尊严的原因有些复杂,但其原因至少和下述一点有关,它指真正的尊严不附加任何条件。于此我指:当人类一次次接受和接纳了自身在大自然面前的低下,这使其无条件的尊严赢取了一次胜过一次的考验,这是尊严得以不断提升的原因。如果说尊严是一种高贵,那么这种高贵只能从认识并接受自己的卑微开始,我如此理解"卑微者最高贵"。

>>> 弗洛伊德

>>> 爱与征服

真正的爱和征服欲毫无关系,尽管太多的男人已把征服欲过多地等同了爱。一个男人对待一个女人的激情在多大程度上脱离了征服的心态,那么他便在多大程度上找到了爱。在同样的意义上,人类真正的尊严和其优越感毫无关系,尽管太多的人已把自己的尊严建立在其自身的优越感之上。一个人的尊严在多大程度上脱离了对优越感的依赖,那么他便在多大程度上实现了其作为人的真正的尊严。也因此,说我们的社会中没有多少人找到了做人的尊严,似乎并不十分过分。

>>> 不研究哲学的哲学家

有一则故事说是一个女人爱上了一个大哲学家(好像是卢梭),但是那个哲学家却因为找到了自己心爱的女人,便不想再去研究什么哲学。整日想着安静地生活于乡间,决意此后"要培养一些生活上的技能来防止贫困",俨然成了个俗人。问题的关键在于,女人何以能够依然爱着这个不去研究哲学的哲学家。显然,女人需要的并不是哲学家的哲学,而是哲学家"对待生命的态度",因为哲学家已经把自我对于生命的哲学融化到了对女人的爱情中。在这种意义上,哲学在"爱"中已经实现。这种"实现感"两个人都是知道的,证据在于双方对对方的决不厌弃。这是某些敏捷之士所指谓的"人际关系能够提供意义"之所指。伟大的卢梭不可能在俗世的领地生活,而于他,在一种富有"真爱"的人际关系中,俗世即天堂的道理是存在的。俗世与天堂同时提供意义。

>>> 卢梭

>>> 欲望的悖论

S. Freud 讲顺乎本能可以获得满足,控制本能可以获得尊严,因为后者向我们证明了我们的生命高于本能。从这种意义上看,尊严的获得或丧失,取决于我们对待欲望的态度。这可以解释人类心理上的"欲壑难填"。"欲壑"为什么难填呢?其"难填"之处,在于我们为了满足欲望,为了满足我们全部的欲望,我们不得不付出尊严丧失的代价。于此,我指那种我们受到自身欲望控制,成为其奴隶的感觉伤害了我们的尊严。结论是"欲望"的满足和"尊严"的获得,在某种程度上具有矛盾性。这种矛盾性,同时证明了人类广义上的完满状态,例如既满足欲望又获得尊严,从根本上绝难做到。这是人生悖论中的一种,敏捷之士把此称作人生"固有的苦难"。

>>> 最美好的悼词

父亲是耿直的、是乐观的,有些时候,他那种乐观的耿直,让人觉得新奇而可爱。此外,还有那些和利益无关的,长久的充满爱心与痛苦的寻找。这些东西在人间不多见。父亲故去后,他的一个有着忘年友谊的学生这样说到:那个老者过去了,自此人世间便少了一点独特而美好的东西,这是某种和人类精神气质有关的事物。在世的人们,无论用成就、用金钱、用现世所有可及的一切都绝无方法弥补。由此,这一天才会让人有些悲哀。这是一个人的社会意义使然。不像有些人,他们在世,只有个体意义,因为求生本能,或者只有家庭意义,因为子女希望他们留存,但是他们的社会意义已经鲜见了。我相信,关于父亲,关于一个逝去的普通生命,关于其间一切的爱与辛劳,都在这来自人间的最美好的悼词中获得了报偿。

>>> 快乐与幸福

这个世界通常有两种人：一种人追求快乐，一种人追求幸福。前一种人需要经常快乐，这样他们才能满足。对他们来讲，快乐便是终极目的。追求幸福的人与此不同，过于强烈的快乐容易影响他们感受幸福。他们也希望快乐，这是因为快乐可以使他们忘掉不幸福。对他们来讲，生活中那些快乐的事是为了实现对幸福的体验而"取道的人生"。对于敏感的心灵，快乐并不必然幸福的原因有些复杂，其可能的原因是，最为深刻的幸福与人类个体经验的孤立及对这种孤立的个体经验的超越有关。对这种个体经验的孤立性及其相应的超越感需要体会，为此需要些沉静，所以容易被快乐所影响。

>>> "发热"与不真实感

机体追求的是快乐，头脑追求的才是意义。然而历史上"头脑"所追求的"意义问题"却从来没有获得过解决，但这并不妨碍人在意义问题没有得到解决的时候，感到完满的快乐。换句话说，机体一快乐，大脑就发热，大脑一发热，生活便完满，原因是意义问题被忘掉了。在这种意义上，我们会发现追求生命意义的人，通常都是因为自己不快乐，此为 S. Freud 所谓"当我们追问人生意义的时候，那么我们是病态的"。确实，当我们快乐的时候，我们是不会去追问生命的意义的。我们投入地沉浸在快乐中，淡忘了其他的一切问题，这就叫幸福。在某种意义上，巨大而完整的幸福从来就是虚幻的，因为我们"生命本体"的意义问题依然没有解决。这大概可以解释,对敏感的人来讲,巨大的幸福通常会伴随一种"不真实感",他会情不自禁地怀疑,如此完整而厚重的幸福,是可能的吗?可见其内心对"存在"的意义及其完整性,还有着无意识的疑虑。

>>> 决不屈服

命运终将夺去那些我们最珍爱的东西,包括我们的父母,包括我们自己。如果让我面对我和所有那些我爱的人们的"共同的去处",面对早已安排下我们"共同行程"的命运说上一句话,那么便是你可以夺走,但是我决不会屈服。当我们面对命运的骄横与张狂,当我们坦然而轻蔑地说,"你不是可以夺吗",这绝然是一种最高的胜利者的姿态。当你真的杀败了我们,让我们尸横倒地,你就是那命运,以为这世界从此便寂静了吗?我作为人类这一群体中的一员,我的后继者会继续承担起这一决不屈服的神色,并在这一神色中获得失败者最高的尊严。这是人之为人的高贵,也同时成就了你,你就是那命运,永久的卑微。在这个时候,你是否能够感到,尽管我们在历史的长河中并不长久而只是一瞬,但死亡已经被人类这"许多的我们"彻底地踩在脚底!——并我因此爱人类这一族类,为着我们集体的尊严。

>>> "穷大方"与伦理标准

越穷越大方,叫做"穷大方",不少人通常都会这样。单凭这一点,就基本可以断定"穷大方"并不是什么美德,因为真正的美德不可能以如此高的频率,简单地出现在生活中。一个人的品行可以很差,但这通常并不妨碍一个又穷又坏的人可以"穷大方"。穷人没人"待见",没有什么自我价值感,"大方一点"可以让他们感到自己还有些用,这是道理所在。"穷大方"的人,心理是健康的,因为它可以健全人际关系,创造人际和谐。但"穷大方"却不可称之为"善",因为"穷大方"的人,实际上关心的只是他自己,大方一点只是个条件。实际上我的意思是说,如果自己不大方,别人依旧对自己笑脸相迎,那么他可能就把"大方"收回去了,而变得"小气"。可见,对人类心灵进行评价的心理标准和伦理标准完全不同。心理健康的最高标准是伦理标准,而不是心理标准,前者是所谓"善"。

>>> 爱与自由

世世代代人类父辈的品格大致可以分为几种,一种是你必须给我钱,一种是你必须给我爱,一是你必须实现我的理想,例如做成音乐家,一是你必须延续我的生命,例如为我生出孙子(或孙女)。子辈完不成这些"必须"则为不孝。在这种意义上,真正"爱"的试金石总是在"违背我们的意愿时"才得以表现出来,例如父辈接纳我们的选择,给我们以自由,让我们自由选择,例如不去做音乐家却去办了公司,不去"生出孙子"却选择了"丁克"(DINK,double income no kid)。如此看来,我们所能够承担的"他人对我们自身意愿的违背",才真正代表着"爱",原因在于我们能够赋予别人以自由。试想,如果我们连别人的自由都不能接纳,甚至要干涉,这叫哪家子"爱"!

>>> 柴可夫斯基

>>> "热爱"超越"意义"

有个孩子,生下几个月就心爱着柴科夫斯基的音乐。每次喝完流食后,便躺在床上美美地听上"老柴"的音乐。他听呀听呀,没时没了,在听中沉醉。他咿呀地说那音乐每一个音符都像是在他的心尖上弹奏,他的心就像在沐浴月光、沐浴甘泉,从无终结,不想终结。他不干活地听呀听呀,不起床地听呀听呀,东升的太阳和西升的月亮,每天都在"老柴"的音乐声中爬过他的床。他听了无数日夜,一直听到了头发稀疏,又躺到了床上,又喝上了流食。音乐充满了他忽明忽暗的房间,流淌进他忽清润忽明洁的灵魂。最后他死了,死于心力的衰弱与耗竭,他的一生就这样过去了,没有人知道他是否不幸,是否幸福,是否有意义。也许此中真正有些重要的是,这种追问本身是无聊的,甚至不必回答,原因在于你从不曾如此热爱,你连这种生活都不曾接触,却提出了有关这种生活"是否存在问题"的问题,智力上不可给予高评价。于此,我并不是只指音乐,我指人世间的任何一种东西。

>>> 存在的勇气

在人生的本体意义上,对理想的寻找充满不确定性。因为理想在未来,未来受"多因素"控制,最终不知它会怎样。没办法,这是人类与生俱来的困境。如果"寻找"了很久还是没有找到,那么是否坚持,是否继续寻找就会成一个问题。原因是,"寻找"不是件轻松的事情,它让人筋疲力尽,并因此使人想停下来,这叫做"肉身的累赘"。重要的是,最终人还不会知道自己是否一定能够找到,这就把你逼到了绝境。我如是理解哲学家谈到的"存在的勇气"。具有"存在勇气"的人,自己本人不见得一定就能够实现自己的理想,因此很可能成为人生的失败者。但是他们却用自己的失败,带给了他人前行的信念和幸福的可能。毕竟就群体而言,只要执著追求,获得幸福的可能性大些。想来,上述是这些失败者在历史中的价值,他们被称为"圣徒"。你不要以为圣徒都被宗教裁判所绞死了,那些为了理想而顽强坚持的常人,使他们坚持下来的就是圣徒气质。你也不要以为圣徒都会不幸,他们完全可以实现他们的理想,这是乐观主义的现实基础。

>>> 让家像家

我们拮据的前辈总是情深意切地告诉我们"谁知盘中餐,粒粒皆辛苦",其实这几粒粮食又值多少钱呢?不如在其他地方省点钱,或多赚些钱,那会比节省几粒粮食划算得多。这像我要花上一些时间,在厨房里忙着洗呀切呀,为自己准备上一些简朴的菜肴,而这要比从餐厅中购买"外卖"费事许多,也好吃不了。其实,我甚至可以利用这些时间,去干点其他什么,为自己赚得更多些的钱来。我想我这样做是有原因的,我热爱着家中这种简朴的为了生计的最为普通的忙碌。在我看来,这种忙碌使家像家,它让我想起家中匆忙、节俭的母亲,想起我从这样的家中一天天长大。实际上,由此而及并从某种意义上看,人类的历史发展并不能仅仅作纯粹"物性"上客观、冷静的"价值"比较,比如是否好吃,是否划算,是否更"值"等等,而应该考虑凝结于其中的一个时代或者个人的情感,遂"情感"本身成了一种独立的价值和砝码。

>>> 母爱与完美

妈妈快 80 岁了,腿脚不好,前面的门牙也都掉豁了,老是笑的样子,温暖而慈祥。有些时候,我喜欢和她开点儿玩笑。某些话,我是故意说给她听。"你承认不承认,你在女人中其实并不算一个特心灵手巧的",其实,在我的内心,妈妈的爱早已融化了我的心。我这样说,实在是想和她没事瞎辩驳两下,闹着玩。妈妈听了之后好像还真有些不太高兴,80 岁的老人居然挺较真儿地和我说起了反话。"行,我不心灵手巧,你不就是想说我笨吗",闹得我想解释两句也不好说。想起妈妈的样子,我就觉得好笑。都多大岁数了,只许表扬!真正有心理学意义的是,在相爱的人心里,让自己变得完美,让自己爱的人承认自己,远比在普通关系中重要,这成为"爱"的关系的一个本质特征。就像妈妈是爱我的,她总是希望自己在孩子眼中是个"完美的母亲",也不管岁数多大。这一点,也像我也总是正做着饭,突然想到了什么,便从厨房跑出来和妈妈说"妈,你说,我是不是挺有本事的",妈妈笑着说"是"。这让我挺高兴,就回去了。

>>> 以懦弱者的身份勇敢地面对

如果你是个"本体危机"很重的人(心理学概念,它大概指人对作为个体最终归宿的衰老与死亡的清晰感知和由此产生的强烈不安),而你受到的教养又使你一定要去在病床边日夜陪伴"终老"的父母,眼睁睁地盯视着"同时成为你的必然归宿的衰老与死亡",这下你的内心冲突和消极情感就会强烈起来。当你最终选择去面对危险与苦难的时候,那么你的名字便可以叫做"以懦弱者的身份勇敢地面对"。在心理健康的意义上,上述内心冲突是罪孽,因为它让你难得平静,但是在这种罪孽中却可以升华出勇猛与崇高。换言之,"无罪孽者即无崇高"。我这样理解"勇敢者"真正的诞生。这一点大概像只有那些从真正的悲观中走出来的人,我们才可以把他们视为真正的乐观者。如果需要解释,我们可以说,"乐"和"乐观"完全不同,小孩子大抵无他的都很高兴、都很乐,但是我们能说他们"乐观"吗!我相信"以懦弱者的身份勇敢地面对",是一种真正的美德,而"天不怕地不怕",充其量只是一种性格。

>>> 美丽心灵

"勇敢"只可能是"不怕",但是我们要问一问,它所"不怕"的是什么?它所战胜的是什么?一个人如果不是因为先怕什么而后又战胜了什么,那么他无论如何也谈不上勇敢。心理学研究表明,那些精神病性抑郁患者的自杀,源自他们脑内的神经学改变,我们无论如何不能把他们的自杀叫做勇敢。他们的自杀很容易,而很容易的东西,通常和勇敢无关。在这种意义上,生者可以是懦弱的,是那些苟活的人;生者也可以是勇敢的,勇敢于他们能够"以懦弱者身份"去面对,例如那些坚持"活下来"的抑郁症患者。在同样的意义上,死者可以不足夸耀,例如走向自杀之途的精神病人;死者同时可以成为勇敢者,例如海明威与茨威格(太多了)。不论选择"生"者还是选择"死"者,所有勇敢者其成为勇士的原因,都源自他们的"恐惧"与"战胜"。在这一点上,或许我们不少人都看过一部电影,叫做《美丽心灵》。

>>> 纳什

>>> 爱你在心口难开

我以为"爱你在心口难开"的关键原因不在于不好意思开口,而在于"开口说些什么"已经变得不再重要。这一点尤其适合于男人。对于男人,在爱的情感中,他更倾向于行动,而不是说这说那。这一点像父亲是爱我的,但是他不能家里什么事都没做好,而老是说"我爱你",他从来不说。我每次去看他,年迈的父亲总是没说几句话,就高高兴兴地出去买东西。路远,他大半天才能回来,手里提着一大包东西。我从神情上能够看得出来,他高兴了一路,因为他不是进门见到我笑的,而是笑着进门的。在男人"通过行动"表现爱这一点上,他们会觉得这样更踏实,意义也更确凿。我相信这种行动的倾向,表现出了一个男人真正的"长成"。原因是随着男人真正的成熟,他已坚定地懂得,表达情感固然重要,但是最为根本的是要"改变世界"。因此他腾出所有的精力,一上来就做那些最为直接和最为根本的事情。对于还没有长大的孩子,他们不容易理解父亲。懂得父亲需要一个过程。

>>> 斯诺克的竞技

你和别人的比赛,别人打得很臭,你打得也很臭,但是比对方少臭一点儿,这样你就赢了。另外一种情况是,别人打得好,你打得更好,并因此你才赢。如果以战胜对方为目的,这两种方式都可以。但我相信。如果可以选择,多数人会选择后者,因为前者虽然也能赢,但没后者"赢得有意思"。"赢得有意思"是什么意思呢?实际上我的意思是说,体育比赛有两种魅力,一种魅力来自战胜别人,另一种魅力来自追求一种完美的竞技。后者带给自己战胜别人之外的乐趣,这叫做精神的满足。存在与别人无关的精神的满足,我的证据是,即使没有别人我也会跑去打两下斯诺克。当我一杆比一杆打得好点儿,母球已开始不再"落袋",我就觉得有点意思,感受到魅力。这一点也像我写书,当我能一次比一次写得更准确,更能表达自己,更机智更幽默一点儿,我就会高兴,而此间却压根儿没想到是否比别人写得好。想来,这是我喜欢那些即使没有别人,也能自己玩并玩得起劲儿的人的原因。

>>> 历史感的获得

如果神经科学家坚定地相信着在"跑不掉"的一切生命事件中,大脑发生着系列的神经学改变,这些改变决定着某个特定行为与心理活动的出现、不出现或其发生、发展的严格规律。于此,尽管他不曾知道这些改变及其内部规律是什么,他依然可以变得坦然。原因是他无穷坚信,人类的意识、创造与自我探究,终将与生命规律及生命自身达成"同一"。我把此叫做真正的"科学精神"。实际上,与科学精神相关的"坦然"来自一种"历史感"的获得,他把自己放到无限延续着的人类种群生命的历史与未来中,并通过自身的坚定信念,与"世界的本质"产生了结合。这一点像那些从情感上充分沉沦沧桑世态的普通人,即使讲不出什么文化与人性的规律,他依然可以产生高傲眼神。你跟他讲什么"文化学"与"人性",他会看不起你。那种感觉似乎是,作为"人种"当中充分映照了人类"心灵可能性"的一员,我的感受早已涵盖了你及你的理论。当我从精神上"涵盖了你",我并不想知道"我涵盖了你的原因"。我把此叫做人类的"机体自信"。这种机体水平坚定的直觉性信念,不叫"认识世界"而叫"卷入世界",它远远高于把自己放在世界对立面的"认识"世界。

>>> 跪下与求婚

年轻的时候,有件事情我一直想不明白,而实际上就是耿耿于怀。它指作为一个男孩子,我不知道为什么要向女孩子"求"婚。这个"求"字让我很不舒服。我觉得男人与女人是平等的,因此,这为什么?也因此,很有不短的时间,我坚决不"求"。慢慢长大了,我变了。变得对这一字眼一点不敏感,看到某些电影中(尤其是描写古老欧洲的电影),什么男主人公向女孩子求婚,一条腿跪下,我都会从内心感到爱情巨大而美好的力量,内心充满感动。实际上我是在说,当我们明了了爱情对于人生攸关的意义,我们就会感到跪下的对象仿佛既是对方又不是对方。也许从本质上看,它更是"更高的"神明,而对方只是这神明的负载者。我相信在读到这段文字的读者中,至少有一个人会同意我的观点,那个人就是"王子"。因为"王子"肯定从内心真正感受到了这一点,否则他怎么可能跪下呢?他是"一把手"啊。"一把手"跪给"二把手",不太可能啊。附带说一句,真正优秀的女孩子会从跪下的男孩子身上读出爱的尊严与崇高,并不感受到这件事是在"求"她。证据是,她即使答应了对方的求婚,继而还会温柔地捋他的头发。而这肯定不是因为"没有答应对方的要求"而去抚慰一下对方受伤的心灵。

>>> 幸福意志

二十多岁的自己个性好像不太强,不知怎么,三四十了,个性却越发强了起来。要命的是,它好像还一天强似一天。这叫什么呢?它像"个子"一天天往大了长,实在停不住了,难免会让人慌神。实际上我的意思是说,现在的我好像越来越不关注别人怎么看我,说话也不怕别人不爱听。什么理解不理解,你爱理解不理解。比如我完全可能会说,"我爱你,但是我可以没有你"。这叫什么话,别人听了后完全可能翻白眼儿,你到底爱不爱我,你到底要干吗?其实,我要说的是,我从生活中一天强似一天的感觉是,无论如何生活在继续。我爱你,我要过下去,我不爱你,你抛弃我,又要我,再抛弃我,加上这些乱七八糟的一切东西,我还要过下去,还要坚定而顽强地坚持"幸福",它已变得和外界的事物没有任何一点关系。于此我是在说,我的存在精神与勇气已经超越了所有可能的欢乐与痛苦,不再受自身之外的左右。我把这叫做人类的"幸福意志"。我相信,幸福成为意志,是敏捷之士开创的一种人类潜能。

>>> 感动与劳动

轻视那些辛辛苦苦的劳动人民肯定不对,但我们不知是否有意忽视的问题是,那些能够唤醒我们"尊重"、"亲爱"甚或"感动"情感的劳动人民,通常活得要比我们更"差"些。在我看来,这种"俯视"视角之下的"感动"同样廉价。你内心充满仁爱与感怀,然而却依然是别人老小昼夜奔忙却难以糊口,依然是别人为了些活命钱,为你摇起船橹,唱出苦难民歌,而你却高高地坐在水乡的乌篷船头。我相信,这是从历史直至今日的从未间断之中,部分"文化工作者"的令人厌恶之处。把话讲得简单些,叫做"你感动个一阵子,别人却奔忙上一辈子"。在这种意义上,具有道义价值的真正的"尊重"只来自平等的生活。我相信的是,当你挣的钱多于"辛苦钱"(这是"劳动人民"的唯一含义),当你并未过着和劳动人民一样的平等生活时,你不配歌颂劳动人民。我是如理解那些"宽敞优厚"的人对劳动及劳动者的"感动",如是理解"什么都不缺"的人提倡的道义,甚至如是理解一切想尽办法聚敛钱财的人,完全不顾他们最终的慈善之举。

>>> 对抒情的厌恶

一天又一天,慢慢地我对"抒情"性的东西变得不喜欢,甚至有些厌恶。情"抒"出来又有什么意思呢?为什么"情"就一定要"抒"出来呢?

在我的看法中,随着人的成长,"向内的"营养自己的内心变得重要。"向外的"非要弄出点什么东西,意义便不大。重要的是,随着人的成长,生活中已经没有什么东西不能成为养料,它们全部都能营养自己,包括痛苦、包括无奈、包括灾难、包括你爱我。这种东西完全无法例数,它太多了,比如你称赞我,比如你骂我,再比如我根本无法进入你的视野。它们全部能够滋养我的内心,在内敛的安静和体味中,甚至滋养得更为充分,因此往外"抒",变得没有必要。难怪我现在要去说些什么都会有些吞吞吐吐。吞吞吐吐的缘由在于自身一种"内视"的感觉,这像个医学上的内窥镜,自己正在仔细地研究和体会,正沉浸忘我,完全想不到表现出来给天地看、给你看,否则"肠子"就要翻出来,这坚持不了多久。非要弄出来的东西,拆散了弄得个满地都是,通常是因为看不清或完全搞不懂,然后他说"你帮我看看"。这种态度是好的,但只像个笨手笨脚的无线电修理工,面对上百个二极、三极管和个王八蛋电路。

>>> 温柔的力量

温柔从现象上看是一种情感表现,因此男女相爱,舐犊之情都成为情感呵护和心灵关怀,这可说的不多。实际上温柔的另一面却是其背后的力量,所谓"柔情似水"只看到了问题的一面。这甚至包括母狮子与母老虎的温柔。你若不信,就可以去弄弄那个小狮子,小心母狮子咬掉你的头,这便是温柔背后的力量。其实在此我真正想说的是,一个人有多大的温柔,就会有多大的力量,它同时适用于男人和女人。从本质上看,温柔是对"力量的生存意义"的精神感受和情感传达,因此我才会说到"温柔是力量的情感形式"。男人通常只懂得女人的温柔,好男人才会敬畏女人的力量。与此相类,女人通常只懂得男人的力量,好女人才懂得男人的温柔。再次与此相类,人类通常只懂得对幼崽的温柔,好人类才懂得"先你而去"的父母在衰败中的力量,他们的死亡为我们提供我们自身在"机体信念"层面上的人生完整性,它指对"人生必死"的坚定性。这种"必死之坚定性",于我们在衰败之中的莫大力量,为我们提供"活在人间"无尽的温柔。因此敏捷之士才会写到"我与父母共出生,我与妻子共死亡"。

第五编　灵魂真实

>>> *[签名]* 幸福意志>>>　幸福意志>>>　幸福意志

>>> 沉　默

在我看来，出卖真理的人不配追求真理，原因在于他们并不喜欢真理，他们喜欢用真理"换来"的东西。此点如同出卖正直的人并不正直一样，因为他们并不喜欢正直，他们只喜欢那些因为他们正直，而后别人给予他们的东西。追求正直与真理，像追求一个女人，追求的目的在于"爱"，然后在"爱"中与她默默相守。在这种意义上，沉默的人群中也许有一些人是真正值得尊敬的，他们和"真理"与"爱"相守，而其他人却难以察觉。

>>> 昂头与认输

人类对大自然的所谓征服很多时间停留在这样一种"姿势"上：他们得意而谨慎地躲在自己"坚固"的小巢中，在一种隐隐泛起的快感中，小心而惶恐地窥视着外面世界的急风、暴风与雷霆。这种"胜利者"的姿态，让我想起了什么叫做真正的渺小，甚至不如认输。

>>> 哭得好看

哭泣的价值并不在于为之哭泣的内容,而更多地在于要哭得可怜,要哭得好看。就像两个处境相同的落难者,哭得可怜、哭得好看的一个是注定要比另一个得到更多的赏钱一样。这大概表现出所谓"形式"的价值,并也因此让人觉得有些可悲,连哭泣都需要"包装"在某种形式之下。美学研究认为,单纯的"形式美"创造审美价值,例如哭得好看。需要自问的是,你需要别人的苦难为你带来审美价值吗?这未免有些残酷。同时,这也让我想起了"慈悲"其不好解释的内涵。它唯一的要义只能是,他只给予,此外别无诉求。如果让我为"慈悲"下个定义,那么除了上述的以外,我还要加入,他不仅给予哭得好看的人,还给予哭得不好看的人。他给予一切人,给予一切动物与植物。他不仅给予一切生命,甚至给予一切"非生命",例如落叶,例如把桌面打扫干净。

>>> 心理与灵魂的分裂

生活中见过不少成功人士"喜极而泣"的场面,这通常无来由地令我也跟着很"感动"。冷静下来后,我发现,别人这样的"喜极"和我本无关系,这样的"而泣"和我也无关系。换言之,在这种令人感动的"喜极而泣"的当口,她想的都是她自己,和"被感动"的人没有任何关系。实际上我的意思是说,人类的悖论在于,当我们灵魂觉察到"不该感动"的时候,我们从心理上却会感动,如此才有"心理上的弱点"之说。也因此,在这种时候,我通常会逃开,以避免一种心理和灵魂的分裂。在这种意义上,只有当我们心中对别人怀有"爱",至少心怀一种与别人有关的情感,才配和别人一起分享感情。它使得不论为自己的"喜"还是为他人的"悲",同时变得高尚。奖台上的"喜极而泣者"在"喜极而泣"个把钟头后,似乎突然意识到这一问题的存在,于是匆忙缓过神来,去拥抱一下对方,但明显不够真诚。

>>> 诗人与"瞬间高尚"

　　百姓说诗人是"瞬间高尚",他们只是把这种"瞬间高尚"的情感记录下来,而在日常生活这种"长久时间"的环境下,并不必然表现得那么高尚。百姓的话具有洞察力。确实,真正的高尚决不是"瞬间高尚"、"文字高尚",而是长久的"行为高尚"。在"行为高尚"的意义上,我喜欢那些有着"爱的行动"的人胜于内心充满各种"感觉"的人,后者变幻飘浮的感觉无非就是萦绕他自己,其本质是自我中心。例子是一个女人说她很爱我,为我付出很多。于此,我实在有些想不出,便去问她"付出"了什么,答案是,她付出的是"她从内心非常非常的爱我"。如此,我就明白了。她付出的东西是些"感觉",实际上她付出给我的东西,她完全可以自己留着。附带说一句,对"行为高尚"的推崇是我的价值观,而不是我自己的功利寻求。我的证据是,我喜欢别人具有"行为高尚",但不见得是"为我"。此外,我还喜欢自己的"行为高尚"。每当我能够用自己的行动表现出我对别人的"好",我会觉得自己还不错。

>>> 我不是很满足

　　我没有大房子(big house),我只有很小的房子,这并不值得夸耀。

因为一个人如果能力足够强,为社会做的贡献足够大,是应该挣到足够的钱而买得起大房子的。实际上我想说的是,我的一些朋友对我很好,原因是我没有大房子,也没有大车子,我什么阔气的东西都没有,居然也不自卑,不嫉妒朋友,还对别人真心的挺好。朋友们因为见到过一些因为自己"混得不好"而内心阴暗的人之后,然后又见到了我,遂对我有好的评价,认为我存在"美德"。对这一点,我一方面很高兴,为着赢得了朋友的喜欢,另一方面我又不是很满足,原因是我只是靠我的个性赢得了尊重,但是我的价值观和我工作的价值,却没有得到认同。

>>> 我不见得有美德

关于我没有大房子,还要再说两句。就像我没有大房子,但心理上并没有什么不平衡,还能对朋友真心的挺好,被我的朋友视为美德。其实在这一方面,我一点也不这样觉得。原因是,虽然我没有大房子,但我觉得我有其他东西,比如我能够写出美好诗歌。我甚至觉得,相比较起来,美好诗歌的价值还要胜过大房子。可见,我的这种"看起来是美德"的东西,根本就不是什么美德,因为在另外一个"我自己的坐标上",我觉得我混得并不差,甚至要更好些,只是我们的标准不同。在这种意义上,我们周围确实有些人具有"真正的美德",但那肯定不是我。我指那些既没有名车豪宅,也没有飞机大炮,更没有美好诗歌,家中压根儿什么像样的东西都没有的人,却能为别人的笑脸而感到愉悦。这些人才具有真正的美德,他们内心普照的阳光是神秘的。

>>> 大男子主义

人们通常觉得,如果一个男人总是希望女人去做家务,而自己却不想干,那么这个男人就会有些大男子主义。这是浅见。原因是男人是这样一种动物,他能够从女人的"家务辛劳"中感受到一种传统性别角色的美好,而这个男人实际上并不是不爱干活。你要是让他干那些在性别角色上、社会分工上属于男人"应该多做"的事,比如挖煤、打仗、爬烟囱,他没什么抱怨。可见他即使总是希望女人做家务,却并不是真正的懒,也不可视为对女人的欺压。真正的坏男人是那些既不挖煤、打仗,也不干家务,而只是喜爱和女人性生活的男人,这才叫大男子主义。

>>> 大女子主义

不少男人抱怨女人总是喜欢男人给她花钱。实际上,这样说女人也不够公平,同时是浅见。原因是女人是这样一种动物,她能够在男人为他"花钱"如此之类的事情中,反观到男性性别角色的美好。实际上,她并不见得只是喜欢那些花钱买来的东西。证据是,如果女人觉得男人对她好,那么她便会在家中忙里忙外,处处操劳。实际上,她要是用这些精力和时间去工作,挣来的钱能够买的东西比男人给她买的要多得多。可见她们即使总是希望男人为她花钱,却也不见得就是真的喜欢"物欲"。真正的坏女人是那种既喜欢男人为她花钱,又喜欢男人为她操劳,喜欢男人为她做一切的女人,因为这些都代表了男人对她"有感情"。此被称为大女子主义。

>>> 坚定地不去做

　　一个人坚定地做什么似乎代表了一个人是否有信仰和他信仰什么。其实比坚定地做什么更代表信仰的是一个人坚定地不做什么。对于坚定地不做什么的人来讲,他要的只是"不做什么",此外的东西他全都可以不要,包括各种各样的好处。可见他所信仰的东西更单纯,更完整。而坚定地做什么,你无论如何逃不开,做了什么会对自己有些好处的嫌疑。也因此,我喜欢那些坚定地不做什么的人,胜过坚定地做什么的人,这是我理解的灵魂的干净和真正的信仰。

>>> 论赢得尊重

　　生活需要技巧,技巧需要从体验中提炼,比如在"赢得别人尊重"这一点上,便是如此。"提炼者"会知道,要想赢得别人发自心底的尊重,比如想赢得同行发自心底的尊重,比如文人之间,比如心理学家之间,几乎是不可能的。究其原因,在于我们身边的绝大多数人早已丧失了向别人"认同"的心理能力("认同"是心理学概念,大意是看到别人的优点并向别人趋同)。认同别人,等于丧失自己,这在心理学上叫做"没有真正的自尊"。基于此,在这一点上有坚定信念者,在同行面前话便不多,原因是"天老大,谁老二"这一问题短期不会有结论,却容易使人拳脚相加。因此"提炼者"明智地选择了沉默。相反,在我的课堂上,我就会汪洋恣肆,放情恣性,其原因不在于我的学生们不敢表示反感,而是因为他们有能力表示尊重,尽管关于我学生的这一点,我也并不十足称道,原因是,还没有到他们"和你比"的时候。不管是谁,一旦到了他们和我比的时候,我就会沉默,以表示尊重。

>>> 添乱的人

正确的事物及其联系叫做知识，因此那些不正确的东西便不能叫做知识，只能叫做信息。正确的信息很好，因此知识很好。但不正确的信息却很坏，它的作用绝不是中性的，而是负的，指起到破坏作用，其性质属于垃圾，比"虚无"还要差。换言之，它们的诞生还不如不诞生。蹩脚的科学家、肤浅的教授、徒有虚名的作家等等，便做这类事情。错误的东西一多，浅薄的东西一多，那么它们便会误导别人，至少会让那些真正的好东西"显不出来"了，这是他们的错误所在。实际上，我是说，如果书店只有五本真正的心理学的好书，那么中国百姓就可以更多地知道一点什么是"真正好的心理学"。现在不然，五千多本，乱了套了。

>>> 蠢材埋伏了起来

社会中是同时存在天才和蠢材的，这是现实。人类的历史也能够证明这一点。但在生活中，我们却从未听到有人诚心地坦陈："我是蠢材。"至此结论是，真正的蠢材埋伏了起来。但是至此，结论还不够准确。缘由在于，真正的蠢材是无法知道自己是蠢材的，因为一个蠢材如果能够准确地判断出自己是个蠢材，那么有着这么精准判断力的人，通常也不会最终成为一个蠢材。遂埋伏起来的蠢材，绝不是他们主观妄为，以混淆视听。他们因为无法辨别出自己的愚蠢而并无埋伏起来的动机。换句话说，他们只是些"客观地"埋伏起来的蠢材。于此，不要过于怪罪他们。法律就是这样执行的，考虑到动机问题，判决从轻，这是有道理的。

>>> 蠢材的危害

蠢材和天才在各方面是有距离的，同时蠢材又无法准确地判断出自己的愚蠢，所以他们便不会看到天才的"天才之处"。他们会觉得自己和别人都差不多，也便不会对天才的思想和行为予以推崇。这会导致一些不良后果，例如天才的言论无法得到尊重，天才的思想无法得到贯彻，天才的"libido"（心理学概念，指广义上的生命能量）无法得到有效表达而挫伤了天才的积极性。重要的是，蠢材由于其愚顿，不容易在天地间制造一些"真正的声响"，遂在事业追求之路上，一路敲锣打鼓，以便使大爷大妈跳舞。敲锣打鼓的优点是可以驱除寂寞，缺点是使天才的"天才之处"，消失在蠢材的鼓噪中，这是蠢材的危害。

>>> 辨别蠢材的三个步骤

真正的蠢材因为无法辨别出自己愚蠢在哪儿，所以他们会自我感觉良好。因此要辨别蠢材，第一步，需要到那个"自我好感觉"的人群中去找。第二步，在这批人中，那些无大创造，但却经常可以看到别人优点的人是需要排除的，他们是真正蠢材的可能性不大。第三，由于天才通常会有一些"通神性"，他们会经常发现自己的冥顽与愚钝之处。如此，他们便会有点自卑心，有这种自卑心的人，更是需要排除，他们不仅不是蠢材，甚至有着一定的可能而成为真正的天才。因此可考虑初步设定蠢材标准如下：第一，自我感觉良好；第二，看不到别人优点和天才之处；第三，无自卑心。附带说一句，蠢材是否有可能把自己假设为天才呢？这是可能的,原因是他们太蠢了,会对生活发生严重误解。

>>> 推着妈妈晒太阳

妈妈老了,电话中的妈妈告诉我她现在很难出去锻炼了,稍微有个时辰出去走走,走个5分钟就得休息个10分钟。过去是膝盖疼,现在不仅胯骨痛,腰也痛。我告诉她要和命运拼搏,拼搏的方式就是每天坚持从三楼的房间走到二楼的平台上去晒太阳,天天晒太阳,坚持晒太阳。尽管我心里明明白白,残年的妈妈肯定晒不过你,你就是那命运,那不可一世、绝不会战败的命运,但是只要我活着,我就要天天晒太阳,直到有一天我终会输给你。奇怪并且重要的是,这种挺拔起来的失败给人一种骄傲感,让人感到在这样一种较量中,"失败者到底是谁"会成为一个问题。这是人作为符号性生命的悖论,它同时成就生命的尊严和意义。你知道什么是你生命的意义吗?就是当年迈的母亲再也走不出那间房屋,意义就是在每天最好的阳光下,推着妈妈去晒太阳,那会是准时的,不差一分一秒的,就像她准会在那间房屋里等待着你,就像你朝着你的意义走去。

>>> 海 子

海子的诗歌是远离普通人生活的。普通人的生活中哪有那么痛苦呀。什么叫做"众神死亡的草原",什么叫做"发疯的钢铁"呀,这不是"有病"吗?因此我认识的一个人称这些人心理不健康。在这一点上,我承认,过于痛苦的人是有病的,甚至只有"有大病"的人才会如此痛苦。但我要说的是,痛苦是人类的一种可能性,是灵魂固有苦难的必然成分,这种潜能与可能性,就像人类的"存在本身"一样不容亵渎,原因是它的真实。而恰恰是有着伟大痛苦的人,用自己敏感的心灵所遭遇到的无可超越的罹难,在天方地圆的八周与九鼎间,为我们人类种群撑起了承受巨大精神痛苦的擎天之柱,遮蔽与抚慰了我们这些渺小人物的"小病小灾"。生活在"伟大的痛苦精神"遮蔽之下从而从容了一点的我们,岂有着任何一丝权利无视他们、轻蔑他们、嘲笑他们!伟人的伟大之处,在于他们支撑起了生命可及的限度与空间,让我们在其间感受渺小的欢乐。

>>> 海 子

>>> 体验的"真理性"

体验愈独特，一个人越是容易觉得孤独。于此，周国平先生讲得好，孤独是一颗值得理解的心灵却悲剧性地无法得到理解。因此渴望成为火焰，因此人生成为灰烬。其实，所谓"值得理解"，不仅在于个体独特的经历和体验，重要的是它和个体生命体验的"真理性"有关。换言之，体验的"独特性"并不成为"值得理解"的前提，例子是精神病人。而唯有体验的"真理性"才成就一种"值得理解"，例子是哲学与艺术天才。某些"理解"之所以成为"值得"的，其原因在于，对于"真理性体验"的共同理解，成就人类集体的宗教和解脱，它为人类及其后继者，提供光明与出路。相应的，对不具备"真理性"的体验的共同理解，只具有形而下的"利己"意义，例如臭味相投，或是因为两人有着惊人一致的"夸大妄想"，被关进了同一间精神病病房，但完全可能因为搞不清谁是天下第一而打起来。

>>> 臭显白与自我证明

如果你做了一只鞋，却整天和别人臭显白，别人就会笑话你："瞧他，就会做只破鞋，整天臭显白。"再如，我会觉得那些有很多种才能和本事的人，才有资格向别人显示和夸耀自己的本领。至少，你必须能够做出很多形态各异并充满感觉的男鞋女鞋猫鞋狗鞋，你才可以自我夸耀，尽管猫狗不穿鞋，但至少你得能做得出来。实际上，我的意思是说，只有当一个人有能力生产很多优秀的创造物，并且能够做到长久地自我超越，那么此时的这种"显示"，其本质才不是"臭显白"，而可以叫做令人骄傲的"自我证明"。实际上，百姓是可以分辨出这两者的不同的，就像"臭显白的人"招人讨厌。相反，上述巧夺天工的猫鞋狗鞋及其制造者，则让人欣赏赞叹。原因在于后者创造了世界的"丰富性",而前者只表现出了自己的贫乏。创造出世界的丰富性,为什么就让人啧啧不已呢,这是心理学家之所谓的"人的符号性"之所指,它指超越自我的创造让人无限地趋近自己心中的上帝,那种"创生的精神",这是原因。

>>> One of 与 Only one

　　长远地看,不管一个人多么优秀,没有任何一个人具有"价值上"恒久的合理性,因此我便可以安然于湮没在人群中。从人的社会价值角度讲,only one(独一份儿)是不存在的,而 one of(其中一分子)是绝对的。从人群中卓拔而成为 only one 的唯一原因是你始终突破自我的创造性工作。你在多大程度上能够持续创造,创造出你的独特性,那么你便在多大程度上可以成为 only one。问题在于,由于生命机体本身的原因,无论谁都无法持续走向顶峰,相反却是下坡路,因此 only one 终究要归于 one of。但 one of 也许就不错,它如同我的一个有着美好德操的朋友谈到的"甘愿走下历史舞台"。我相信甘愿走下历史舞台的人,内心平淡而威仪,尽管无大成就,但懂得尊重,有着尊严。承认自己是 one of 的心态有些重要。它指作为男人,当你发现美好女人把眼光投向了其他男人,至少无大所谓。尽管 one of 存在些微落魄,但倘内心持此之信念,神态中就会有点"美丽的受难"。这一点也不错啊,相片也会有些好看。

>>> 失败是成功之母

　　失败是成功之母,但光有母亲没有父亲是不行的,这可以解释为什么有人失败了之后还会继续失败,其原因就在于父亲的作用没有发挥,生理学就是这样讲的。那么父亲是谁呢?显然"父亲"就是失败中蕴涵的经验教训。经验教训是宝贵的,并富有理性,像个精子,自然来自父亲。一个母亲一个父亲,就是一个完整的家庭,"单婚制"就足以造就成功之子。你非要搞几个情人上床,孩子的血统会真假难辨,代际传承也会出现问题,伦理学就是这样讲的。我的意思是说,乱发脾气,便是情人之一,推卸责任是另一个,当然也会有第三个。怀孕时,最好要禁欲,不能找情人乱来,否则会导致习惯性流产,也容易出遗传病,妇产科学就是这样讲的。你只能和一个人好好地过日子,乱来几次,那么你的大脑就会出现不可逆的神经可塑性改变,就不想和原配夫君往下过了,心理学就是这样讲的。因此最终的结论是,"失败的母亲"想要生出"成功之子",不能红杏出墙。

>>> 精神分析大师

不远处的某位"精神分析大师"说,搞"精神分析"给她一种权力满足感,原因是她可以追溯并详细探查别人的内心隐秘。这一点像大人可以看到孩子的"小鸡鸡"而孩子看不到大人的(洗澡不算)。把咨询来访者的隐私说成是"小鸡鸡"并不过分,原因是个人的"隐私"通常是那些自己不想让别人知道的事情,否则自己从情感上是不安全的。上述关于"隐私"的一切都和"小鸡鸡"的性质全然一致。来访者因为要治自己的病,不得已才亮出"小鸡鸡",这不论在哪里的男性科,都要拉上个帘子,然则此却令帘子内的"大师"感到开怀并畅饮。如此看来,"大师"有关于别人"小鸡鸡"的热望,只是生活中不便表达。在我看来,人家来访者没招惹谁,你"大师"的这种表现便有些亵渎,原因是人家不得已,人家挺羞怯,你却大饱眼福,包括耳福。你性心理不正常,又不和人家说清楚,上来就虐待了一个性心理正常的来访者。按理说,你应该和人家说明白,但估计人家就走了,还会回头骂你一声"混蛋"。

>>> 知识就是力量

哲学家培根说过,"知识就是力量",这没有问题。并且这句话很伟大,因为它在知识推动人类文明不断进步的意义上,强调了知识的作用。培根说这句话的时候,好像是17世纪,试想,如此伟大的话语,对那个时代的一个或许多蹲在田间地头的农民有着什么作用呢?他们正吸着汗烟,看着日落。实际上,我的意思是说,伟大的东西是超前的,它因超前而不能被人理解,而不能被人理解的东西,就会被认为和不伟大甚或平庸的东西是一样的。在这种意义上,我们就容易理解心理学家 Otto Rank 讲过的一句话,大意是,我们的时代不是缺乏伟大的知识,而实际上我们时代的伟大知识多得都有些过剩了。我们应该坐下来好好体会和应用这些知识,而不是急于杜撰那些平庸的东西。超前的东西,只要它从本质上是伟大的,那么迟早会发挥它的力量,比如几百年后的农民在吸着汗烟看着日落时,会想到"科技支农",还会自己跑到书店,买几本农业科技的书看看,扉页上写到"知识就是力量"。

>>> 爱是创造性劳动

种公社的"地"可以偷懒,道德品质姑且不论,大概其像"想偷"可以"偷成"的样子。而你要是种自留地,偷懒就有些"偷不着",因为跑不了都是你的事。这一点像我给学生上课时讲到的"爱是创造性劳动"。创造性劳动不好解释，它指的是，凡是现今我们已有的知识，大略都和过去已经发生的事情有关，和过去业已积累的经验有关。而生活中，有些事情是新出现的，完全没有现成的答案，并且全世界让你第一次赶上了。比如同说不定哪天你的孩子会突然问你，什么是精子，什么是卵子，你不能给他一个嘴巴。已有的知识，只能提供如何教育孩子的一些原则，到底具体怎么应用来解决你遇到的新问题，就看你自己的了。你花钱买不着，认识人也没用。于上述，为了实现爱孩子的目的，你必须自己用心力去创造，创造一个对孩子负责任，充满爱心，孩子又可以理解和接受的好的答案。换句话说，孩子在"创造"，于此我指孩子问了你一个创造性的新问题，如此，逼得你也必须创造。爱作为一种创造性劳动，是自我生活的责任。

>>> 做爱与做好事

大凡人真正需要的，做完了也就没有那么需要了，比如做爱。做完了之后还想做，这叫什么呢？这绝对不正常，在心理学上它叫做"强迫性色情狂"，说明做爱没有满足他的真正需要。想来这一点也适合于"做好事"。有些人给人一种感觉，如果他一段时间没有做好事，似乎就会从内心感到有些不适，他不做不行，这叫什么呢？心理学没有相应的名词，但可能也不正常。我推测这不正常的证据是，他具有强迫性。从精神病理学上看，凡是具有强迫性的东西，肯定都是病理性的。例如我认识的一个人，必须做些公益活动，必须帮助大家，不帮助不行，他要拉住你的手。其实对这种人我有一个建议，就是可以考虑在凌晨三到四点，大家都没出来的时候，请他去清扫公共的路面，但我估计他就不去了，或许这是我的建议不妥，是个人都需要睡觉。考虑到人都要休息这一点，或者让他到个大家全部都上夜班的单位，请他白天去清扫工作的庭院，但估计他也不会去，原因不明。我不反对做好事，我喜欢做好事的人，但真正的做好事，只和自我有关，并且要具有自发性。

>>> 精神受虐

我相信在个体长大的过程中，人肯定是发现了自己不如花朵美好，并且无论经过怎样努力也无法变得比花朵更美好（这是 Earnest Becker 指称的"人类符号性"与"肉身性"的冲突），因此才有了小男孩往鲜花上撒尿的经历者，心理学家把此称为"渎神"的冲动。尽管尿液为尿液，但亮晶晶的竟然花朵还是花朵，这就会导致人内心失望。失望之极至，人便会慢慢地变得迷恋花朵、尊崇花朵，不再往鲜花上撒尿，而是西装革履，拜倒在花朵的石榴裙下不肯起来，从内心往外摸索诗句，小心地挂在树上。上述可以解释为什么虐待狂最终会发展成为受虐狂，它同时可以解释为什么精神受虐成为人类的本质倾向。值得一提的是，有些人缺乏此精神受虐的根本气质，相反却具备从精神上虐待外界的根本气质，其缘由在于，他们特殊的成长经历使他们无法"尊崇"外界的事物，他们缺乏"认同"的心理能力，这才是真正的心理病态者。人"认同"的东西必须是好的，此可以解释为什么早期存有"爱的剥夺"的人，其内心存在普遍的损害，他们内在的"认同"已被破坏。

>>> 自恋，你配吗

尼采自恋，我们也自恋，但我们不是尼采的可能性无限接近百分之百，只可能是个在自恋这一方面的人格特征突出者。于是自恋和自恋完全不同。于是,尼采被后世记住,而我们在当代即被遗忘。既如此,那么上述两种自恋之间的区别在什么地方便成为一个问题。某种意义上,一个人走在群体中,做那些大家都做的事,这种基本的混迹于人群的感觉,提供生活的基本安全;与此相应,一个人能够在脱离"群体价值观"的道路上,坚持按照自我精神的轨道一个人孤独地走下去,那么他的自恋便成为"自我动力性"而非"病理性"的,例如尼采。其中的"我为什么如此智慧",实在是为了给自己鼓劲,原因是他太孤独同时又太勇敢。在那个世界,他明知跌倒了不会有人扶他,因此他只有自我振奋自我的精神,在孤独一人自己为自己输上一点血液般的"自恋"后,从茫无人烟的世界中爬起,再次走向茫无人烟。这一点,你行吗?在此我真正想说的是,自恋需要些前提,而完全缺乏这些前提的我们,还自以为自己很热爱人类,很不自恋。实际上,姑且不去论我们是否能有多大成就,即使在"承担孤独"的意义上,我们也应该问一下——自恋,你配吗?

>>> 我眼中的"成功"

尼采为什么会认为与他同时代的德国人愚昧呢?其原因在于他所知道的东西并非虚无,而是关于人性及人类存在的某些真相,只是他的这种"知道"要比别人早上200年。我相信的是,与尼采同时代的人如果人均活到300岁,或许他们会感到"如何当初"。上述不是我想说的,我想说的是,恰恰是"先知"为"先"的这种状态,造就了伟人全部的不幸。在那个完全不属于他的时代,他只能按照其"先知性"的思想和身体生活,在这一点上他和别人是不一样的,他只能活他自己,他无法活成别人做成别人他不快乐,做那些别人都做的事他觉得无意义,因此这会使他异常不可能合理地"存在"于那个时代。我指因为他只能在人性的终点逡巡与站立,因此在一切的路途上,便无理解、无尊重、无陪伴,更无女人。饭都吃不上,谁跟你受罪呀,此为超前的原因与结果。话说回来,超前是有好处的,但前提是不能超得太多。我的意见是,于人生超一点儿断然值得追求,例如做出一些好听的小曲,多写上几本畅销书,这是我理解的"成功"。

>>> 心理治疗

　　做过些心理治疗,这让我时常反思心理治疗是否真地会对别人有些作用,想到此点的原因是我曾经体会到的,自己个性上的某些弱点和缺点,改变起来也相当不容易,甚或有些无望。如此,再来堂而皇之地谈给别人,未免有些缺乏廉耻,这让人陷入绝望。在上述意义上,尼采说到"有些人能够拯救他们的朋友"但"却无法拯救他们自己"。这一先知性的结论如何能够成为可能。于此,聪明的友人说,这是因为他"高于"别人,但却无法"高于"他们自己。看来上述是个解答并成为理解"伟人"的方式。实际上在此我想进一步表述的是,伟人解决不了他们自身的问题,却能够解决我们的问题的原因在于,伟人为我们提供精神上的出路,那是一条他走过的道路,尽管于伟人自身,其远方依然归于茫然,于此我指在那一"远点",伟人自身的问题依然没有获得完整的解决,但是这条路于我们却是露出晨曦的,原因是:我们走不了伟人那么远,因此伟人"远方的茫然"成为我们在"走不了那么远"之下的明朗。在上述"质"的意义上,我理解了优秀的心理治疗的作用,并如是理解生活于自身灾难与病痛中的伟人于我们的价值。

>>> 永远不要相信的东西

永远不要相信那些不缺钱的人谈论金钱是否重要,其原因是因为"他们并不缺钱"。与此类似,永远不要相信没有钱的人谈论金钱是否重要,原因同样是因为"他们现在手头正没有钱"。从人类心理的感受性上来看,他们都因为处于一种"特殊的感受状态中"而绝无方法保持客观,他的观点只适用于他在现实中某种特殊的"感觉处境"。一个不堪的现实是,生活在世间,我们不是有钱就是没有钱,也因此,但凡是个人,便绝无资格去谈论金钱于生活永恒的"真实意义"。从这种意义上看,人对现实的看法不可能是客观的,遂我们的世界也便不存在"真实"。这或许和哲学上的"不可知论"与心理学的精神分析理论谈及的"意识内容的虚假性"有些关联。附带说一句,对"成名"的看法和上述完全类似。

>>> 爱即忠诚

当一个人可以十足地满足对方的各种需要,如金钱的需要、爱心的需要、审美的需要,对方肯定会给你以忠诚,因此忠诚是简单的,没长大的孩子和长大了的低智者都可以做到这一点。在这一点上,甚至无法把狗排除在外,否则就会腹中空空,冬天里没有背心穿。上述忠诚的本质,只是一种自我中心罢了。与此同时,世间还存在着一种"真正的忠诚",它和上述"狗的忠诚"显然不同,表现在他不怕被忠诚的事物抛弃,他们在这种"忠诚"中,找到了与外界报偿无关的自我满足。我这样理解"爱是忠诚"。在临床观察中我们可以发现,"真正忠诚的人"(而非冒牌货),其眼光中存有"高傲",仿佛觉得自己不简单,这种高傲的感觉是从哪里来的呢?现在我相信，它恰恰来自一种不怕被抛弃的感觉。不怕"被抛弃"甚至勇于接受"被抛弃"是"献身"的最高形式，而把自己全然贡献给那些自我内心中的美好事物，是实现宗教感的根本道路。换言之，他们在被抛弃的痛苦中找到了人生的意义。

>>> 《简·爱》插图

>>> 自我实现与贪得无厌

脑子越用越灵,胃口也一样,只是会形成最为强烈而刁钻的期待和最为普遍的失望。一味"为自我设计"的人,他们所谓的"自我实现"总是"没够",并且他们能够准确地辨别出哪些地方还没有"实现",遂人生被一种缺陷感所主导。表面上看,他们是追求"自我发展"与"自我实现"的人(心理学概念,指所谓潜能充分发展的人),但实际上,他们距离"自我实现"的目标却相距甚远。越追求越"没够",这叫哪门子自我实现,这叫贪得无厌,它恰恰背离了真正的"自我实现"。真正的"自我实现"中有一种核心成分,它是对"现实自我"的尊严和价值的坚定自信,并在其中感受到深刻、平静的享乐。这种深刻而平静的享乐的本质,是个体在其生命中已经探知与感受到的与世界本质的同一与相融。东方的智慧把此称作"天人合一"。

>>> 大商场与蹲小店

逛不起大商场买不起好衣服的时候,人会认为只是追求"衣着"的人是没有价值的。吃不起大饭店而去蹲街边小铺的时候,会认为满嘴流油的物欲颇让人鄙视,这种事情常见。而一旦他们有了钱,还是同样这些人,便会认为衣着适切而美好是文明的表现,这并非代表着自我无精神追求;认为街边小店的东西不够卫生,而大餐馆卫生条件更好,并不代表着就是被物欲占有。从前到后,他们从情感上都是"真实"的。但是对他们来讲,前后两种认知与情感却完全不同。如是,其中到底哪种是真实的,就成为一个问题。在这种意义上，当我们没有条件"选择"我们生活方式的时候，在此它指当我们并不足够有钱，可以选择或优越或节俭的时候，换言之，当我们并不能真正进入一种"自由"状态时，我们不可能是真实的，也无从谈起我们"真正"的价值观。也因此，只有当我们具有了做任何事的所有条件，我们才可能见到我们自己真正的愿望和情感，否则便只是防御机制，这是心理学中的人本主义所强调的"自由"的意义。

>>> 门洞与自我意识

朋友去了趟印度，带回一堆照片给我看。其中一张照片，朋友告诉我是英国女王征服了印度后建起的一个拱门。照片上的那座拱门相当孤立地矗立于一个大广场中，具体用处好像是女王要从那扇拱门的门洞中走过去。我觉得这张照片古怪又有趣。门洞通常是要穿过去，因此城墙才会需要一个门洞。照片上的那个大空场简直通向四面八方，想往哪走都畅通无阻，干吗要建个门洞呢？想来这是人的所谓"自我意识"在作怪，其目的是要通过"外在物"来表现和张扬一下自己，用来证明一下"自我"于这个世界的"创生意义"。大广场去哪儿都行，没得可"创"，因此只有先把自己挡住，然后再穿过去，遂实现人生的意义。如果不是为了这个目的，又非要在广场建点什么东西，那么在那个"去哪儿都行"的大广场上，实在不应该建个门，倒是应该建堵墙，这才是可理解的。

>>> 天才无法想象

只有当你看到天才做出来的事，你才能知道天才能做些什么，而在此之前，你无法预言天才能够做什么。这是"天才"的定义，同时也是自己"不是天才"的定义。比如，如果小说家王小波现在还活着，他又能写出怎样漂亮的不可思议的"鬼小说"，是我们完全不可预计的。天才的出现是一个让人惊叹的奇迹，它开创人类发展的可能性。在同样意义上，天才不容易被接受，却容易被埋没，原因是别人对天才的出现完全缺乏心理上的准备。

>>> 聪明与幸福

人不能太聪明，否则就会不幸。比如你要是很有审美观，对美好事物充满了感受力，那么你的爱情就很容易有失落，原因是你可以发现，很多人身上都存在不同种类的美好。这"很多种"美好，你都喜欢，你莫衷一是。同样，你的"后代"也会成问题，因为你无法随便找一个五官与子宫都处于"正位"的女人就生出孩子，面临断子绝孙的可能。反过来说，要幸福，你就要无知无识，比如你必须不能懂得什么是真正的好东西，什么是狗屁。换言之，只有不知好歹，才会觉得自己有可能是个"人物"。丧失判断标准是必要的，否则和好的东西一比较，人就会自卑，自我充满挫折感和"狗屁感"。这一点，就像一翻开海子的诗，立刻就会中断我的写作，顷刻间使我的内心填满挫折和无意义感而无法获得幸福。

>>> 责任感与"大人物"

我没有觉得社会上的什么大事没我就不行，因此我就缺乏相应的责任感。于此我只能关心，不感到责任。而对我的孩子，我就会充满责任感,原因是没有我就不行,他会饿疯。再比如我做过医生,我在路上遇到车祸,就会感到有责任走上前去。在我的理解中,只有在"没有我就不行"的情况下,才会有真正的责任感存在。在这种意义上,毫不做作而问心无愧感到对某些重大事件负有责任的人,通常都是大人物,至少也得有些自大气质,这是识别大人物的标准。附带说一句,小人物也是有责任的,这种责任同样不可逃脱,比如天下兴亡,匹夫有责,说得就是这个道理。但在此的所谓"责任",通常也就是尽到一个人在集体中的义务,如此即可。

>>> "活下去"的理由

幸福的人往往不会想到"我们为什么活着"。相反,痛苦的人会持久地追问这一问题。这种持久的追问,说明我们的理性在顽强地为我们生命的健康存在而服务。缘何叫做服务呢?在我看来,人类从理性上"追问生存理由"的顽强,延展着人类作为生物性"机体生命"的生命力的顽强,这是"人之作为人"的重要特点。于人类,我们靠机体本能"存在",同时靠关于生命的"理性理由"更好的存在。当我们的生命机体明了清澈于"活下去"的"理性理由"时,我们甚至可以不任由机体的退却而衰亡。在这种意义上,理性的"活下去的理由"是人性意志中的一种,它扩充着我们存在的力量。仔细观察生活,我们会发现真正"爱"他的孩子的母亲即使身体非常不好,但往往也会顽强地"坚持存在",她们甚至长寿,因为她们的长寿存在着"理性的理由",例如那个母亲作为一个"守护者",她的孩子还没有成家。

>>> 动物界的魅力

当我们寻找到了"活下去"的"理性理由",也即当明白"为了什么活下去"的时候,我们是健康蓬勃的,是充满生机的。其愈加饱满的活力与光泽,源自同时拥有我们作为动物存在的机体理由和作为人类存在的理性理由。这种"同时性"的理由,成就人类个体生命的"生命本质"。与此相应,当我们在机体理由之上,没有寻找到十足的关于生命存在的理性理由时,便远离了我们的"生命本质"。重要的是,理性理由的缺乏,还会造成生命本身的痛苦,如那些敏捷之士所发现的生命中的"行尸走肉感"(或言"不可承受之轻")。如是,我们的生命便不可能不去羡慕动物界的纯粹与生机。原因是,和人类相比动物还免受了人类生命由于理性理由的缺乏所造成的痛苦。想来动物界于人类某种程度的魅力,源自于此。

>>> 珍惜与忘却

"向往美丽"是不用学的,比如向往美丽女人,这是上帝给予人的禀赋,同时也给了猫与狗。与此相反,"珍惜美丽"却是缓慢地学会的,在这一点上,猫与狗是不行的。一直在"向往"的人通常不会"珍惜",他觉得人生珍宝无数,都在前面。相反,"珍惜"通常以识破"向往"的有限与虚假性,因而不再作虚妄的幻想为前提。从这种意义上看,学会一种东西通常以忘却一些东西为前提,而后者便是心理学中讲到的"放弃神经质性的幻想"之所指。实际上,"忘却"相当不容易,因为它是人类的本性,唯一的方式是"增加自我的体验"。生命中美好一点的体验越多,神经症性幻想的不满足越容易被控制在人类可以容忍的范围之内。附带说一句,为什么老年人多数会柔和许多,终于学会了"珍惜"呢?原因是他想起了天底下最重要的事,例如死亡,因此它使"忘却"成为可能。宗教中会讲到我们要

"熟悉死亡",在对死亡的熟悉中,我们容易放弃幻想而学会珍惜。我们的社会不同,我们要躲避"躲避不了"的死亡。当死亡成为意识的忌讳,难怪我们学不会"珍惜"而是学会了旨在"逃离意识"的性迷狂。

>>> 大蒜与心灵

我住的地方旁边有个小饭馆,老板娘的一手绝活儿是在她的小店中腌制美味的大蒜,作为下饭的小菜,非常受客人的欢迎。那些装大蒜的坛子水晶般透明,像是由"灯节"的灯笼淬上透明的火吹拔而成。或白或绿的大蒜漂浮于其中,像是上万个安详而满足的孩子。见到这些,我总会不由自主地从内心生发出感动。仿佛看着那些美丽的大蒜,就不自主地"看进去了",而见到了老板娘的美丽心灵。依我看,唯表现者才有心灵。而美丽的大蒜,甚或成了老板娘美丽的心灵本身。这里,也许真正重要的是,对生活的热爱及其表现,具有终极性,原因是贯穿于我们生命中的爱本身,在任何的人与人之间,它唯一而同质,不计较形式。它因弥合人与人之间的距离,而使每个"个体性自我"的表现,不再成为"自我"而成为"我们"。这种终极的东西很终极,也许证据在于,我总是感动于此,而淡忘了老板娘作为女人其长相的普通。

>>> 农民的快乐

我不愿意出去跑啊玩啊之类,但我却承认我是一个会享受生活的人。比如当我能够写出自己觉得还不错的作品,我就会不时地找出来看看,感受一些聪明与智慧,感受一些美好和色泽。尽管你可以把它说成是有些自恋，但我相信，这件事情也可以不这样看，原因是我在通过这些文字、这些媒介来感受我周遭的世界——那些有趣的、美好的、神奇的东西。这一点，也大概如同我会花大量的时间，和妻子在家中就么待着啥也不干一样。我把这种和"守候"有关的东西当做是对生活的享受，并且是高级享受。其高级之处在于，不论哪种东西，我们都是在享受"自我创造"的成果。于上述，它既包括作品，也包括爱情中的美好关系。而这种享受就其本质而言，就像个种粮食或者蔬菜的农民。这种"农民的快乐"现在很多人享受不到了，原因是现代人的享受，在准确的意义上更多的只是一种交易之下的受用。他所感受到的世界，例如粮食与蔬菜，不管怎么说，都源自别人的心灵。它们于自我，非常的不直接。

>>> 思辨与现象学研究

科学研究承认现象学的经验研究，但否认个体的思辨性。原因在于经验研究是群体研究，而个体思辨是个体局限经验的总结。比如有些男人谈及的"女人的功利性"。在女人是否比男人更为功利这一点上，它足以成为一个临床心理学的研究课题。实际上，某些男人得出这种结论，存在着不少研究方法上的问题。这指男人接触男人和接触女人的范围、选择及感受性都存在差异。实际上，功利的男人也很多，只是当男人遇到他们时，由于情感上的不喜欢就逃开了，他们所接触的范围都局限于那些"非功利者"。男人接触女人则不同，如果女人很漂亮，你要逃开便不容易，也易为此生出憎恨、无奈与内心冲突。因此，男人对这种事情记忆和唤醒深刻。因此才使人得出女人比男人更功利的结论。这只是些例子，说明要客观认识世界，很不容易，需要真正以科学研究方法为基础的研究工作。历史上思辨者很多偏激的结论，和上述探讨的内容有着联系。

>>> Abnormal 与 Unusual

成年人单身生活可以叫做 unusual，它指非"常态"，指和大家不一样。这个词本身是个中性词，不包括任何价值判断在其中。不管怎样，对于这种生活方式，我们是不能把它叫做 abnormal（变态）的。就 unusual 和 abnormal 之间的关系这个问题而言，即使在学界内部也是有争论的。在学界内部，它通常指我们凭什么认为重性精神病或是人格障碍者是 abnormal 的，并且要把关于此的知识放在"变态心理学"中来讲授呢？精神病人或人格障碍者完全有理由把那些和他们生活方式不一样的我们，叫做 abnormal。想来这一问题只有一个解答，就是 abnormal 的人，无法实现个体存在，也无法完成有效的社会生活。换言之，只有无法完成有效的社会生活，无法实现个体存在和种族延续，才可视为 abnormal。无此，那么便都是 normal 的（正常的）。它像成年人的单身生活，最多只能叫做 unusual。Unusual 的事儿，你无论如何不能认为是不好的，这像我的一个朋友，满桌子菜，就爱吃那些鸡头鸭脚鹌鹑脖子之类的东西，他也 unusual，但挺可爱的，一点儿不变态。

>>> 核心知识

人世间存在着很多知识，我相信此中存在着核心与非核心之分。在我看来，婚姻就像鞋子，舒服不舒服只有脚知道的知识，便是核心知识。原因是它通过一种比喻，探知到人类心灵的准确联系。这种联系，能够对人类内心产生影响。在这种意义上，核心知识统整人类的心灵，例如上述"只有脚知道"的知识，使得在某一个具体婚姻之外的人，不再试图对别人的婚姻去说三道四成为可能。至少从心理治疗的角度看,不统整人类心灵的知识,全部非核心。比如不少人会说到的,人要幸福就要对自我负起责任。这些说法都是对的,并因此成为知识。但是单纯"知道"这些,单纯这些知识本身,对人能否幸福生活远远不够,原因在于这些知识不能触动人类心灵。提供核心知识的人是伟大的。在此极言之,它因重建人类的灵魂,遂长久地改善人类的生存现状。实际上,在此我是在说情感在人类灵魂及心理治疗中的核心地位呢。

>>> 炉子与沟通

我认为两个人相处得好,就要熔化在热烈的炉子里。这是个比喻。那一景象是漂亮的,炉膛烧得通红而透明,一点杂质都没有,那是天堂的颜色。相反,相处得不好就像炉子中那些"烧不化"的渣子,让我们浑身不自在。这时,我们会用炉子的钩子把那些渣子"勾"出来,痛苦而仔细地琢磨,怎么就烧不化呢。这像我眼中的沟通。实际上,我的意思是说,在这里我们倒置了某种因果关系。它指在人与人之间,"烧不化"是"因","拿出来琢磨"是"果",你不要以为是没有琢磨好,所以才没烧化。换言之,"烧"都"烧不化","琢磨"也"化"不了。在此,我真正想说的是,如果人与人之间要是接纳得好(这大概其指"烧化了"),便根本不会想到要去接纳这回事。换言之,两个人之间不能接纳对方,以至于必须拿出来认真谈一谈了,结果通常还是"接纳不了"。换句话说,如果"不通",以至于非"勾"不可了,"勾"也是沟不通的。万一劲儿使大了,还会弄坏炉壁,勾出一些火星儿样的脾气来,烫到胳膊。

>>> "后悔"是笨人发明的

后悔没有用,这一点大家都认可。但我从根本上相信,人间不存在"后悔"这一心理现象。在我看来,关于后悔的内心语言是:要是现在的话,我绝对不会那样。换言之,他们想说的是,如果"过去的我"是"现在的我"就好了。实际上,问题正出在这一点上。我指的是,"过去的我"怎么可能是"现在的我"呢?"过去的我"完全不可能是"现在的我",因为"现在的我"已经不同了。在这种意义上,在"过去的我"的那一阶段,发生的事本就应该发生,它完全不可能不发生。换句话说,它的发生具有必然性。尽管它使"现在的我"有些倒霉,但那是另一回事。在我看来,笨人才后悔,并且"后悔"这一词汇本身就是笨人发明的,要知道,笨人是有权利发明词汇的。这些笨人会在无意识中混淆过去和现在,而这种混淆之所以能够成为可能,是因为他们过于想要模糊现在的"不如意",以至于把"过去"和"现在"这两个完全不搭界的东西重合在一起看。这一点在心理学上是简单的,它叫做"过强的动机"会使人失去现实感。

>>> 浪漫是一种心情

在我看来,"浪漫"不是玫瑰花,也不是海边的小木屋。浪漫更多的是一种心情,叫它是"一种心情"的原因是,从根本上看,浪漫和外界的环境事物缺乏本质关联。你得和你喜欢的人在一起,才会有浪漫的感觉,否则9999朵玫瑰有什么意思呢?这像个卖玫瑰花的。实际上我想说的是,是"人"使玫瑰花散发出了浪漫,否则玫瑰花就不够浪漫,例子还是卖玫瑰花的。与玫瑰花相关的东西,我们能够制造的东西,只能叫做"浪漫氛围",而不是浪漫本身。遗留的问题是,单纯的玫瑰花是否具有浪漫的特性呢?有可能,但是你必须有些幻想的气质,你必须经由玫瑰花想到其他的什么，比如你爱的人。而由此幻想，你还是接触到了和"人的心情"有关的东西，而不是玫瑰花本身。因此，我才会说到浪漫本质上是一种心情。

>>> 比较恶心

人毛病比较多，但是自我感觉却可以比较好，比如我年轻的时候。慢慢的，人的毛病不多了，但感觉却没有年轻的时候好，我指的是我现在。年轻的时候老是挑别人的毛病，不时还会烦别人；相反，那时觉得自己很不错，从来不觉得别人也会烦自己，在别人身边绕来绕去，也觉得别人会欣赏。成长让我逐步意识到自己身上同样有不少毛病，时间长了别人也会烦你。我甚至想到我的脸、我的笑，尽管不难看，但日复一日也无非如此。因此和妻子在家里待的时间长了，心头就难免袭上一缕自我怀疑。这时，我就会躲进角落，把头埋进沙子里。希望再次抬起头来时，对方能够觉得像家中进来个人，有打招呼和问候的热情。实际上，我真正的意思是想说，作为肉身，现实中的任何一个人都不具有恒久而热烈的价值。果真如是，我就不能理解有些人何以能够长久地在别人身边抛头露面，兴奋异常，以为自己时刻都能够激起别人无法抵御的热情。我以为上述对他人的推测是不准确的。原因是，连"性爱"都有"不应期"，对你这么个人，大抵超不过此限。

>>> 想不起来

自己过去想过好多东西，那些生活中我认为重要的东西。想了又想，想了又想，翻来覆去地想，结果现在终于有些想不起来了。因此当需要给别人讲些什么相关的东西时,我还得在电脑中找来找去,看看过去都想了些什么,得出了些什么重要结论。重要结论我怎么会忘记呢?可见生活中可能出现了更重要的事。于此,我想说的是,在"存在"中思考,是人性的本质,而这种思考的本质动力,是为了明了自己、明了世界,安排自己与世界的关系。当自己与世界的关系已经获得了安详的安排,那么到底我是怎么安排的就不重要了。于此我的证据是,当我想明白了很多事情,于世界的关系安然明朗,我就部分丧失了写书的动力。而对于写书,我做了那么多年积累,这一点儿都不难,可能写得还会比其他人好些,但我觉得似无大必要。为什么非要比别人好呢?你认为我比你好些,还是不如你,这件事对我不够重要。我身边有些更为重要的事情要做,比如看到我的学生的成长,陪伴年迈的妈妈,比如描绘我对你的思念。

>>> 五块钱的小三轮

外出给学生上课,两公里出头这不远不近的距离,让人困顿。公交车没有,自行车坏了,打出租车似有些奢侈。正好小区门口有那种电动小三轮,两块钱就可以到,遂坐小三轮。开车的人一只手,坚持劳动与谋生,我对这种人从来有好印象。上车后我嘱咐他半天"小心点",别忘了他一只手弄那个方向盘。他傻乎乎地对我笑,还老想和我说话。他说不清,我也不想好好听,他教育程度太低。下车后,我给了他五块钱并说"别找了"。这种事我好像有点经常干,我的意思是说,如果说我也想从多给他的几块钱中得到点什么,那么我想要的,不是他对我的感激,是他内心对人的态度的转变,别忘了我业余时间做点心理治疗,它强调的就是生命态度的转变。我是在说,这么一点点钱就可以使他能够知道,这世界有一种东西叫做"好"。我相信这种"好"他遇到的不多(if any),甚或不相信。我前几次出门坐小三轮时,小区门口的人都在说,一只手的那辆车别坐啊,太危险!

>>> 有爱的父母没有晚年

据说人生是一条逐渐走到高峰再陷入低谷的曲线。在人各种各样的能力上或许如此,但在创造那些有意义的事物上,就会有所不同。我如是理解那些文学艺术天才当他们再也创造不出充满创造力的作品时,那后半截的"曲线"他们就不要了,我指他们自杀了。他们要的是持续走向顶峰。自杀者或许未能在生活中找到那些创造人与世界关系的其他途径。这让我想起我的父母。就我的父母而言(我相信很多父母都是一样),父亲直到很大年纪还在外面做各种零工,尽他所有的可能,支持我不断地求学与深造,直到被疾病夺去了生命;而母亲直到80岁,还执意在那颤颤巍巍地为我热上一些饭菜。我的意思是说,像我的父母一样,很多父母即使在晚年,也从未停止过"爱"的创造。尽管这些创造不起眼,仅仅限于日常生活,但它却从"性质上"永远在源源不断为世界输出血液一样的东西。有句话叫做"安享晚年","享"通常是"往里"输入,他们却一直在"往外"输出,他们安享什么呢?有爱的父母没有晚年。

>>> 争执行为

我以为,人类争执行为其中的一个起因是,人们蜂拥而上地想要证明自己比别人更"对"和更"好"。这本身是好事,代表人类向"善"的动机,并希望此成为事实。不管怎样,如此便会有谁付出多些,谁付出少些的大量思忖、谈论与证明等等。结果常因意见不同,声音便逐渐大了起来。在心理学家看来,这类争论通常毫无意义,原因是在不同个体的内心,人总会无一例外地无意识地夸大自己和缩小对方。倘若具体的"东西"可以"称"出分量,那么退一步其"重要性"与"不容易",其"价值"与"可贵"等等,就更是神秘莫名,原因是这些东西完全无法证明,其本质是主观感受。人格内部的感知与判断在无意识之中,就会为此服务,于是自己最终成为"对"的。也因此,我从来避免这类谈论,也把所谓"自我要求"放在"中等人"的水平上。生活中,我要求自己做到的,通常是"不好不坏",如此觉得也就"行了"。这样的好处,是我可以和大家谈得来。比如,作为个人,我还算是有"责任心"吧,比如我对父母"还可以"。而实际上,我已经尽了全力。

>>> 厌倦与热爱

　　我的好朋友是个抑郁的人。生活中什么爱情、事业、发展之类的大家都有些兴趣的话题,都不能让他觉得有意思;相反,他会耽于幻想。抑郁肯定就会"不着调",这好理解,精神病理吗。一次我们在一家小饭馆坐在那等着上菜。小饭馆的桌子上铺着那种最低质的薄若蝉翼的塑料布。朋友把头半探在桌子前面,半天没话。继而开始慢悠悠地和我说道:"你看这块塑料布啊,每次有人从这走过的时候,它就会飘起来。"然后他在那儿就那么盯着,似乎开始了津津有味地对那块塑料布飘起落下的品味。实际上,他的这种"不着调"的行为我是能理解的,因为我也觉得塑料布这件事,有些意思。因为塑料布薄啊,人走过的时候,它慢慢地飘起,飘得很高,再慢慢地落下。然后,再慢慢飘起,再慢慢落下。这种无聊的必然性中确实存在快感。实际上我通过这个故事想说的是,不管活着如何没劲儿,一个人也总要在生活中去找些"乐子",否则会完全活不出来。实在没有,无聊中也会有点。并且我认为这种"乐子"和某种"必然性"有着关联,例如塑料布必然的飘起与落下,并且我还认为,我们的日子之所以让人神情恍惚,那种不知道自己要干吗能干吗的状态,就和这种"必然性"的丧失有着联系。

>>> 缓一会儿

连伟大的心理学家在人性到底是善还是恶的这一问题上都会存在争论,原因是人世间"恶"是真实存在的,完全无法否认,确实是这样。于此我还是坚持自己的观点:人性是"向善"的、是好的,证据不多,起码有一个。证据是,长时间坚持做好事的人,不同社会都会有,甚至长达40年,但能坚持40年连续做坏事,比如从20岁大学毕业一直到60岁退休一直做坏事,却很不容易做到,甚至完全做不到,是个人的内心都不会有那么多的仇恨需要表达。此事证明了长久做坏事的难度要比长久做好事为大,其"自然性"要低。值得一说的是,生活中确实有些长久做坏事的人,但他们在连续做坏事时,中间通常需要缓一会儿,其间也做点好事。这种缓一会儿的感觉像是休息一下,做上点好事也像个"调剂"。休息一下好理解,干活干累了,但又"调剂"个什么劲儿呢?想一想"调剂"我们就会知道,只有干那些"不爱干又不得不干"的事情时,才会需要"调剂",我如是理解人性之"恶"的"不得不"性质,因为他们自己的内心危机过于严重,也如是理解心理不健康的人,尽管是个害人者,但也不见得是他的初始动机。

第六编　人的符号性

>>> 幸福意志>>>　　幸福意志>>>　　幸福意志

>>> 善 良

有一种说法叫做所谓"最深刻的价值",而什么是人间最深刻的价值,则是一个让人迷惑的问题。显然,对"饿死鬼"来说,食物是最深刻的价值。对一个孩子来说,母爱是最深刻的价值。还有人说善良是人间最深刻的价值。如此看来,生活中显然缺乏一种大家都认可的最深刻的价值,而只有"对谁""在什么时候"的一种最深刻的价值。在这种意义上,你会看到在一个富裕而功利的社会,有人善良一生却让人感觉无甚价值。我们所能给予善良人的价值远远胜于我们所认可的善良的价值。这是善良之难得所在,善良之美丽所在,也是善良的悲哀所在。

>>> 巴甫洛夫

我估计纪念巴甫洛夫有可能会伤害到我们身边的某些人,因为巴甫洛夫是主观为自己,客观为别人,因此他并不值得纪念。不仅巴甫洛夫不值得纪念,柴科夫斯基也不值得纪念,原因是他也是客观为别人,而主观上还是为了他自己。他们只想纪念那些主观和客观上都为了别人的人。事情的困顿之处在于,他同时又认为别人不管什么原因"为了别人",主观上无一例外地都是为了自己。因此他又找不到主观上为了别人的人,最终他觉得人情淡漠,世态炎凉。仔细观察,我们可以发现,这种人有一个特点,就是他总是反感称道那些客观上"为了别人"的人,但如果人家"为了他自己",他似乎便不是很介意对方到底是"主观"还是"客观",他在转瞬之间便淡忘了自己恒久的"形而上"的追问。

>>> 巴甫洛夫

>>> 痛心与美德

人类的外在行为其实并不是很多,人只能靠内心的不同体验来加以区分。比如我厌恶我自己的某一面,而我又不能消除它,正是"我厌恶自身的某种状态其本身",使我和别人区分开来。在这种意义上,一个或许不是很恰当的说法是,我之"没有美德的美德",就在于"我的没有美德经过了一个美德丧失的过程,并对这一过程保有意识和痛心的体验"。这种经过了一个丧失过程的没有美德,使人保持了一种自我欣赏,那种自我欣赏发自一个神秘的角落,使他觉得和别人不一样。

>>> 太阳是否在"付出"

有一个标准可以识别出一个人心中是否有"蜜"(爱),那便是心中有"蜜"的人从行为上为别人付出很多,但是他们内心却很少有什么关于"付出"的感觉,他们甚至很少想到什么"付出"、"不付出"之类的事情。他们像太阳,不曾觉得"拔撒阳光"是在付出,并且是关于别人生命的事关重大的付出。这些人的此种心理特点,甚至会让别人误解,原因是他们很少会产生强烈的感激心,对他们来讲,"给予"别人,这很自然,没有什么,原本都是这样。此间他未曾想到自己的"付出",也就不曾期待别人的"回报",如此当他被别人帮助时,也会这样推知别人。他不会感激涕零,"涌泉相报"似也过分,原因还是"这很自然"。上述生活现象的心理动力似乎复杂,其实在心理学上它是简单的,其本质就是广义上的"移情性"反应。附带说一句,心中有蜜的人,他们的爱能够在人间传递,可以拨撒给一些不相关的人,他们对谁都挺好。"涌泉相报者"不同,他们有个小圈子,他可以对别人好,但只对那些"对他好"的人,他们的"爱"不拨撒,这是两者的差别。

>>> 简单的肮脏最肮脏

当我做了好事又获得了好报的时候,我再做好事的动机就已经改变了,因为我无法做到不去知道做了好事后会有好报。而我一旦预知了这种好报,便影响了我对"我去做好事"的认知和体验,这是卢梭在《漫步随想录》中探讨过的一个主题。这让我想起了真理总是站在我们身边流行偏见的对立面。我想说的是,复杂的思虑可以很干净,而头脑简单的人却完全可以异常肮脏。与此相似的偏见很多,比如认为成熟的人就一定会做恶。在心理学家看来,如果一个人坚定地认为,成熟的人就一定会做恶,通常的原因有以下几种:他受到恶的伤害,他不善于保护自己,他实际上比他自己想象的要更在乎些利益,他做恶的技巧不高,或者是关于做恶他存在内心冲突,等等。尽管上述这些,他是不会承认的。

>>> 可怜之人必有可恨之处

据说每个人都有自己看问题的角度和立场,这让我想起了"可怜之人必有可恨之处"的说法。这话肯定有些道理。只看到一个人可怜,说明他或许有一点点"需要"看到一个人可怜,但不管怎样,至少他心中存在善良与怜悯。相反,过分强调"可怜之人的可恨之处",则表明他过于"需要"感到"人的可恨",原因是他心中有太多的仇恨需要表达。我相信,见到可怜人便登时看到"可怜中的可恨之处"的人,他们心中的爱要比见到可怜人而心生怜悯的人心中的"爱"要少,而"恨"要多。在这种意义上,人站在什么样的立场并非半斤八两,它通常反映了自身的心理是健康还是不健康,内心是光明还是阴暗。我的一个朋友心理健康之极,他说关于他自己在外面做事这么久,但"混得不怎么样"的事情应该这么看,叫做"可怜之人必有可恨之处"。

>>> 诗歌与"六指儿"

五个指头就够了,所以没有必要长出"第六指",这一点就像具有普通喜怒哀乐的情感便足以生活,便没有必要去懂什么诗歌。为诗歌而喜与哀的人,本质上就是个"六指儿"。诗人作为"六指儿"有些悲哀,因为你的情感通常无法被多数人理解,其命运不济的程度,甚至还不如身体上的"六指儿"。生活中,东西如果太重了,人们通常会说,"还是我来吧,你不方便"。诗歌写作者绝无方法得到这种"关怀",他们只会被认为"还不成熟"。由此可见,懂了诗歌,在为你增添了快乐的同时,又为你增加了不少痛苦,因为你的心灵敏感而情切,为情所伤自在理由之中。诗人与诗歌的关系,像连体婴儿只有一个心脏,谁也离不开谁,离开了谁都活不了。重要的是你的"因了诗歌"的欢乐与痛苦,还不能被大多数人理解。原因简单,你是非主流,你是一小撮。要命的是,作为心灵的"六指儿",本就不容易,但活在世上,还拿着比别人更重的东西。

>>> "好吃"是一种信仰

人到了一定年龄通常会变得不再那么浪漫和充满理想,甚至变得"好吃"起来。"好吃"的人通常有两种,一种人知道自己为什么"好吃"。因为"吃"是真实的,它不虚妄。"吃"是一种体验,少了占有不了的烦恼。同时"吃"是现实的,它驱除了幻想,少了自欺的可能。还因为"吃"并非自我要求,因此它成为了一种天地间莫大的自我尊重,他因此好吃,坚定并且津津有味,为了自己的信念及其实现。另一种人"好吃"却不知道为什么"好吃",而只是任由内脏的驱动。这两种人可以让人从感觉上区分出他们的不同,后者招人讨厌,前者让人觉得可爱,因为前者带给人哲学和信仰。仔细观察,我们会发现"好吃"而没有哲学的人通常自己闷头吃,目光呆滞。有哲学的人则不同。如果他吃得很香,他不仅自己神采飞扬,也愿意让别人尝一尝,他希望大家也能感受到他的信仰的快乐。从这种意义上看,信仰的传播是人本性的一种,并且从中可以足见人性中的"善"。

>>> 成魔的吝啬鬼

某种意义上,吝啬也有两种。一种人吝啬攒钱是为了"以后"的享受,但是他们的"以后"却非常"靠后",连自己都说不上什么时候就到了享受的时候,所以他们总是攒钱。什么时候一冲动为自己花上一笔钱令他们非常懊恼和后悔。另一种人平时也异常节省,对待金钱通常和前者具有同样的态度,但是一旦什么时候花钱享受了一把,便淡忘了什么"以后"的事,他们事后还会为此感到满足甚至开怀。他们是不理智的人,因此也是从情感上依然富有人性的人,因为他们的机体还能在无意识中感知到现实中已经成为"目的"本身的"美好"的存在。后者经常被人们称为吝啬，而称前者不仅为吝啬，而且具有魔鬼的气质，俗称"吝啬鬼"，因为他们已经失掉了人性。

>>> 做还是不做坏事

根据内疚情感的发展水平，大概可以把人分为以下四种：一种人想都想不到要去做坏事，因为不做坏事他也挺满足；一种人生活得不很满足而想做点坏事，但一想到做坏事就会觉得内疚和"不应该"，所以他就不去做了；一种人想到了要做坏事就会有些内疚，但仍然要去做，因为不做他实在受不了，尽管事后会后悔，但这并不影响他下一次忍不住再去做坏事；还有一种人做了坏事后觉得，管不了那么多，想做就做吧。这四种人的存在，证明了我们完全不可根据人的外在表现，比如做还是不做坏事，来判断人的内心，因为在相同行为的背后，思想情感异常不同。于此我真正想说的是，上述现象学的分析成为基础科研上一个重要的"方法论"，它指相同的宏观现象，例如某种行为，其背后的心理机制，甚至脑神经活动的机制，可以完全不同。

>>> 天下无双

心理学中有一个复杂概念叫做意动性，非常不好理解。它指人在行为现象层面下潜在的动机与追求，而这种动机与追求当事人自己却未见得知晓。举一个例子，大凡是个人就需要把理想变成现实，这是人类一种本质上的意动性。于人，它是深层动机而必须得到满足。在这一点上，不论你把什么样的理想变成现实都可以。因为人性中最为需要的那种"幻想及其实现"的意动性已经获得了满足。在这种意义上，如果说人类有着所谓本性，意动性便是。附带说一句，某种程度上，看到人类内心深层的意动性而非某些具体行为，是心理学家与爱好者的分水岭。想不起来什么合适的例子，不恰当的是，吹牛便是一种和意动性有关的东西，要证明自己是好的是根本目的，具体到"吹些什么"都是可以的，只要能够满足根本目的。有意义的是，相同意动性之下的具体行为，可以相互沟通与缓解，就吹牛而言，它指先吹吹某个方面，如果别人高举大拇指说，你真是天下无双啊，其他的方面，他就有些懒得吹了。

>>> 就你知道的那点破东西

有人有点思想或者能够写点东西就很容易自鸣得意，好像那些事就自己知道而别人不知道，就自己能干而别人不能干。你看，我多有本事。不夸张地讲，至少目前他们还缺乏自知之明。真正的"高人"对生活有许多体悟，人家的体悟比他们不知高多少，只是不喜欢吭哧着说出来，因为他们能够用自己的知识把自己的生活调整得很好，就已经很满足了。正是这个原因，使我们这个社会的智慧水平通常被低估了，我们总会以为书店的书籍所表达的文化和智慧是时代的"最高度"。不仅如此，由于上述原因，我们时代的最高智慧通常也就这样被浪费了，原因是因为真正的"高人"并没有把那些东西说出和写出来。在我看来，真正的"高人"散落在民间。我们能听到的，也许只是些风声谈笑。

>>> 性与仪式感

我们试图理解世界,以为我们能够理解世界,但我们错了。因为我们无法理解我们的快感为什么会发生,就像我们无法理解人类为什么会存在,然后又要去死亡。后者是哲学家所谓的"存在谬误",前者是心理学家所谓的"机体谬误"。不论是哲学家还是心理学家,他们都能感受到似乎在他们之外,存在着一种高于他们的力量,这种力量就像来自一个莫名的"高人"。如果和一个神秘、莫名,仿佛天外来客般的"高人"接触时,你能够意识到需要整整衣襟的话,那么你就会知道对某些人来讲,"性"中有着哲学,"性"中存在着仪式感。敏捷之士可以意识到此点的存在,如同他们在诗歌中所写下的"在每一盏灯下做爱,在每一次做爱前唱歌"。其实,唱歌干吗呢,多此一举吗,应该准备避孕套才对。

>>> 蟑螂与"人不犯我"

做到"人不犯我,我不犯人",这很不容易。比如我读博士期间的宿舍夏天有蟑螂,爬来爬去。我很怕它们爬到我的床上。所幸的是,它们从不往我的床上爬,床面永远很干净(现在发现,蟑螂好像不喜欢"人味",所以才不来),这很好。但我还是老想踩死它们,因为我讨厌它们爬来爬去的样子。"人不犯我,我不犯人"这是对的,这是理想,但是却不容易做到。就像我不喜欢我们单位的某人,但是人家从未招惹过我。尽管其人性格鄙俗,东走西转,我也应该由他去。我现在不太打蟑螂了,只要它不往我的床上爬,或者是爬向我的餐具。在我看来,如果理想完全做不到,理想就无意义。理想因为有着做到的可能,理想才成为理想。就蟑螂而论,不打是不是可能的呢?或许,只要较少,只要不影响正常生活。其实,蟑螂甚至是有趣的。一次,一个挺小的蟑螂正在游荡,我一吓唬它，它以完全出乎我意料的惊人速度紧爬了几步，然后奋勇地跳下了近一米高的桌面。我觉得这个家伙真热爱生活，就没再追它。

>>> 把你送上太空

亚洲的一个发展心理学会主办了一次会议，其主题叫做"Development through Diversity"（"通过个性实现发展"）。这个主题非常好，它告诉我们的是，人类这个种族真正全方位的发展，是通过个性实现的。如果大家都一样，那么社会发展会慢，也会畸形。不少年轻人通常不这样认为。他们认为，自己的个性具有最高价值。于此，有人鼓吹商业，有人美化科学，有人说没有艺术则不行。没有疑问，科学、艺术、商业及其相关的创造和才能，都是美丽与德行，但是美丽与德行却不只这些，比如可以忍耐"不和别人说话"，也可以促进社会发展。俄国的宇航员一个人孤独地在国际卫星空间站工作，一待就是438天。这么有价值的工作，只有那些天生"不太爱和别人说话"的人才能做到。这便是此种独特个性所具有的独特社会价值。于此，你要是不同意，就可以考虑把你送上太空，但估计你完不成任务，你会要求提前下来。

>>> 不敬业者无灵魂

我经常去剪头发的发廊有一个安徽的小理发师，是个非常可爱的小伙子，给人剪起头发来特别认真，一点一点地修啊剪呀，吹风吹完一遍后还是在那一点一点地修啊剪啊，然后是"左看右看上看下看"，然后是再来一遍。这让我看出，姑娘没什么，而"小伙子真是不简单"。其实在那种街边档次较低的小发廊,剪一个头发才十块钱,根本不值得让他花那么大的精力。认真到天上,也挣不了几个钱。他的那股认真劲儿好像是在仔细地雕琢自己的"作品",并且似乎觉得自己的"作品"要对得起自己才行,否则就会让他里里外外感到不舒服。这让我想起了什么叫"敬业"这一并不好理解的概念及其内涵,它同时让我想起在我们周围,那些号称著书立说做"灵魂工作"的人中究竟有多少人具有灵魂。这大概指,他们连自己"生出的孩子"都不爱。自己生出的孩子都可以不爱的人,不可能有灵魂,他们老鼠不如。

>>> 作品与私生子

很有一些人会把自己创作的作品比喻成"自己的孩子",这种比喻的准确性,很多人是同意的。但生活中,却颇多一些人,搞出一些乌七八糟的东西(我指"作品")去东骗西骗,根本不介意自己的"作品"是否有着创造,是不是好的,别人是否会欣赏。这些人,在我看来具有"天才气质",指他们连"自己的孩子"都可以不爱,遂不可能是凡人所能为。其实对这种人,也不要感到费解,有一种方式可以实现对他们的理解,那就是"这些孩子"只是一些"私生子",巴不得不认识。人家当时压根儿就没想"要",想要的只是此前的一些快感,就像骗名骗钱的人,所骗到的那些东西。也像"性工具",快感过后工具要赶快收起来,难免难为情。但即使如此,这些人或许依然存在问题,你弄了一堆"私生子","快感"很多,但是你成不了"真正的父亲"。在我看来,"父亲"是那些"负过责任"的人。在此,我指好好教育他们的孩子,然后再放到街上跑,例如作品。

>>> 天才与"感觉缺陷"

搞"创造力"研究的科研工作者忽视了一个事实,就是天才要有一定的感受力上的缺陷,这指他必须对一些东西"完全没感觉",如此才能够腾出精力做那些重要的事情。比如古希腊的思想家第欧根尼整天安然地住在一个破木桶里,在桶中读书,在桶中思考,在最好的阳光中创造人类最好的哲学。他不曾觉得自己的居住环境不够好,从未想到自己的这个木桶是可以装修一下的,或许周围就有便宜的建材。这里压根儿"没想到这一问题"是重要的,要是什么都想到了,他就会出现矛盾,比如要装修又没有钱,这还会使他看到有钱人,心里就很烦,并想到自己对哲学的贡献。心理学研究表明,内心冲突、意志较量、负性情绪等等是要消耗心理能量的,心理能量都这样消耗掉了,一个人从事创造性工作的能量就不够了,其创造力不高也就不难理解,遂无从成为一个真正的天才。

>>> 树"活着"

心理学有一个信念,说是"没有被别人爱过的人,不可能爱别人"。实际上,说这些人因为没有被别人爱过,所以他们不愿意给予别人爱以求对自己的公平,是不准确的。真正的原因在于他们完全不懂爱。举个例子,我在郊外种了棵树,过段时间后,我便有些关心,那棵树到底长得怎么样了。如果有机会,我会去那里看一看。你似乎觉得在"你活着"和"树活着"之间,有着某种基本的共通之处。这一点大概如同一个男人离了婚而孩子判给了女方,那个男人甚至想都想不到要去看看孩子长成什么样了,于此他完全可以放得下。在基本的层面,我相信,"不去看孩子"这件事,绝不源自看到孩子会钩起自己伤痛的回忆之类,而是在于,作为一个个体,在那个男人的内心深处,他和其他个体存在着基本的"隔离",

他在无意识中所相信的是，就像别人完全无法"碰"到自己的心灵一样，"我"也无法走入别人的心灵。因此"去看看孩子"这件事，不具有根本意义。它指一种"我是我"而"他是他"的感觉。

>>> 人类的潜能

没有疑问，人类肯定是世间最伟大的物种。这其中之一的内涵是，从绝对意义上看，人类在多样性的环境条件下，可以发展出各种复杂潜能。这些潜能有三个特点。第一，它的出现需要特殊环境条件；第二，在复杂潜能出现前，我们无法预期人类可以表现出什么样的潜能；第三，有了适当的环境条件，这种潜能也未见得会出现在每个人身上，天才是人类潜能的代言人。也正因此，天才所代言的人类潜能，极容易被这一物种中的愚钝者所不理解。例子是，朋友说搞科研的人通常不会厚道，因为科研这东西得"较真儿"。科研上"较真儿"，那么生活中就不太可能不"较真儿"，因此搞科研的人不会厚道。此话大部分正确。其实，我要说的是，科研上"较真儿"而生活中不"较真儿"的人完全可能存在。它是人类的一种潜能，只存在于特殊经历造就的禀赋者身上，证据是这种人在历史中出现过。还记得我说过，"我爱你，但我完全可以没有你"吧，它同样是天才所代言的人类潜能，你懂还是不懂是另外一回事。换言之，你不要怪事实。事实于我们，只有不断地要去理解的份儿。

>>> 诗意的世界

我对喋喋不休地谈论理想、希望、痛苦与心灵归宿的成年人，从来不屑一顾。在这一点上，我是同意小说家王小波的看法的。小波说，我们应该谈起的是诗意的世界。在我看来，一个心智健全的成年人，一个其欢乐和痛苦与生活有着广泛而深刻地接触与"结合"的成年人，上述的"理想"与"意义"早已转化成了他的肢体、神色与叹息，他的"内在"和复杂的生活，在此过程中已变得"同一"，这种纷繁已足够体味，因此不必在其上，再抹上些油彩。扭动腰身者，只代表内在的空虚。相反，在躯体之外，在心灵已和生活全然"结合"之后，高尚的灵魂早已飞离现实，而天然生发出诗意的触角，并由此探及到诗意的世界。这一点甚至包括思想，那些趣味的思想，非工具性的思想。实际上，伟大的灵魂在这一点上总是有着惊人的共通之处。记起尼采在他一度佚失的手稿中就曾写到，对于一个如此热爱生命与生活的人来讲，"我不生活，我只写作"。

>>> 对差异性的欣赏

生活的现实是，人与人之间存在着巨大的不同。重要的是，如果能够尊重这种人与人之间的不同，我们甚至能在这种不同中获得一种对差异性的欣赏。读研究生的时候，一个男生失恋了。大礼拜天的，一个人憋在宿舍狂吹唢呐，声音极大，吹完这个吹那个（他有好几个唢呐），连着吹了一上午，基本上没怎么停，巴掌大的校园大家全能听得到。这让大家不仅没有跟着他悲伤，反而感到可爱，全都知道他在那郁闷呢。实际上，我要说的是，当我们能够尊重别人，它指我们内心真正自足，灵魂真正自由，不需要别人一定要与你相同或者是服务于你的时候，人与人之间的差异性足以让我们欣赏。我的小师弟，我让他跟我去踢足球，他说"我不爱踢那个破东西"。尽管他不答应和我一起去，但他能够把我的足球当成"一个破东西"，这足够有趣。实际上，"差异性"很好玩，这一点百姓是知道的，就像我们在电视上会看到某些节目，其中搞个什么恶作剧，然后大家津津有味地体会不同人完全不同的反应,可爱而有趣。

>>> 说什么都是错

有些人在工作上对自我的要求很高,看不起那些没什么大的成就而自己却有些过于得意的人。用他们的话来讲,是"人可以没有大成就,但是不可没有自知之明",因为"那点成绩"完完全全是沧海一粟,对社会、对科学完全不构成核心贡献。他们攻击了别人,实际上他们很对,因为事实如此。如是,被攻击的人就会反感,说是"他们很可怜,他们是如此的没有成就,以至于残余的那点自知之明,都成了最后的挡箭牌,并发出光亮"。他们也很对,遂人间经常发生争吵。如此看,尽管两个人讲的话都有道理,但要人们相互认同对方却很不容易。这是我经常觉得"说什么都是错",而经常陷入沉默的原因。为什么会"说什么都是错"呢?它源自"证明你是错的"是目的,证据总是不愁,原因是世界及其联系是广泛的。也因此,争论大可不必,因为你事先早就应该想到,尽管你是对的,尽管聪明的对方很可能知道你是对的,但你依然是不对的。

>>> 玩耍与沉默

关于说什么都是错,我还想再说两句。在我看来,只有那些做出了别人做不出的成绩,而依然能够保持清醒理智,客观评价自己从而谨慎生活的人,才是真正值得尊敬的,否则不论你"怎么说",都像是对自身的"防卫"。于此,我并不是狭义地指学问,而是广义地指我们经常可以见到的人与人之间的"谁比谁强"。问题在于,不光"你怎么说"都是错,"你怎么做"也是错。比如骄傲肯定不对,但谨慎也不对,比如杨振宁先生说我对世界依然知之甚少。杨先生都认为对世界知之甚少,那我基本上就属于什么都不懂。而实际上我更愿意觉得我自己懂一点。果真如是,人生便充满困境,它指你怎么着都不行。因此小学语文才会讲到"戒这个戒那个"。什么都戒了,最后的出路便只有"玩耍"与"沉默"。"沉默"好理解,因为说什么都是错。玩耍呢?大抵源自"做什么也不对",因此你和别人就会玩不上。自己要是非想玩,便只有跟自己。我如是理解天才的写作。

>>> 凭什么相信你

生活中,我们经常会遇到一个问题,叫做"我凭什么信任你"。在"信任你"这一点上,你必须禁得住我的考验,我方能信任你,否则我就不信任你,甚至事先就会把你想得很坏,需要"考验"才能扭转过来。在这一问题上,我不是这样想的,我把原因归结为我的"母爱充分"。我的表现是,别人如果骗我,那么我会不信任别人,我有这个智力,我博士毕业。但别人没骗过我,比如见面没多久,我就倾向于信任别人。因为我很信任别人,所以我就不需要考验别人,或者说我一上来就傻乎乎地相信别人肯定会禁得住考验。想来,这是我在社会中总会率先向别人敞开心扉,并能够持续赢得友谊的原因。换言之,这也是很多人在生活后期,交不到朋友的原因,我指你不信任别人。这像你老"考人家",人家说"别考了,这个都会",你就是不信,你非要人家做完一整套考题,这就会让别人觉得没必要,也有些为难。如果你长得很漂亮,考一次还可以。但如果你见谁考谁,名声就会传出去。

>>> 我得了解你

关于考验别人,我还想再说两句。老考验别人,就会让人觉得你老是怀疑别人的为人。因此也会让主考官觉得有些不妥。于是他就倾向于旁敲侧击地多去"了解别人"。了解别人并不过分。相反,你连了解都不让,则你变得过分。实际上,我要说的是,所谓总想了解别人。在心理学上就是个"考验别人"的防卫机制。它指要给自己找到个看似合理的借口,而本质上就是人际不安全。心理学上讲,长期防卫,那么人格就会萎缩,这不好懂。于此,它指了解别人尽管很对,但很困难。我指"历史"充满细节,史书的字通常很小、很密。这需要拿个放大镜。放大镜有好处,坏处是你钻研得太深了,就会忘了翻几页。而实际上史书通常几千页,还要分卷。更有甚者,了解别人比史书容易让人带情绪,史书不说话,人会顶嘴。还有就是,史书通常正史野史混杂,因此要彻底了解历史真相,就会昏了个头以至没完没了。一辈子只顾着了解别人了,搞得自己啥也干不了。你看,人格萎缩了吧。

>>> 使自己成为自己

有些科研工作者,像他们离不开科研工作一样,他们同样离不开些文学艺术创作,原因是文学艺术创作可以"使自己成为自己"。*Nature*,*Science*,*Cell*,*Neuron*等国际著名科研杂志每年会发表很多艰深的文章,代表基础科研的重要进展。但实际上,从世界范围看这些东西不少人都可以做得出来,那些东西很难饱蘸作者自身个性的独特性。与此不同,文学艺术直接关联创作者的心灵。我的文字、我的诗歌只有我能够写出来,别人可以做成"他的",却完全不能做成"我的"。这是"使自己成为自己"的原因。"使自己成为自己"可以考虑为人类本体意识的一部分。有人讲,艺术与科学是人类的两面旗帜,这话不好理解。从终极意义上看,它指,"科学"探询世界的秩序,它使人和世界的本质变得同一。换言之,它使自我成为世界。与此相应,"艺术"探询自我内心的秩序,它使自我成为自我。

>>> 心理学家是人

我必须承认,我了解些"人性",所谓"human nature"。人的那些小九九,我是了解的。无论你道貌岸然,眼神反叛还是温情可人,都无非如此。实际上我想说的,也是别人经常问到我的是,像我这种人再和别人接触,是否一眼就会看到别人心里。并且我能够听出来的含义还有,如果如此,那么再和我这种搞心理学的人接触,是否就成为了月光下存有动机的"裸奔",显得无此必要。于此,我要说的是,我能够看到别人的心里,这一点我承认。只是我和别人接触时,从不往别人心里看。我只被别人的表情所吸引。别人很美,我感到很美。别人很热切,我也被唤醒。而别人要是动机不良,我早就会尖酸刻薄。我的意思是说,我和普通人一样,在一个充分的刺激—反应层面,辉映自己生活的热情。于此,我从来不往别人心里看,对别人的举动充满判断与分析。事先就判断,使生活失去偶然性的光彩;事后老琢磨,像哑巴在有苦说不出后容易出现的反应。也因此,你必须把心理学家,还有我,当成人,非神也非哑巴。

>>> 小年轻

作为作者,我在本书中提到了很多"本体意识"方面的东西,不少人觉得根本不是那么回事。比如我的朋友的熟人,便认为"这种东西无非就是些故弄玄虚,表面上很'另类',实际上很没生活,小年轻就喜欢这个"。这让我这么个中年人的形象显得有点滑稽。相反,喜欢这本书的朋友,则对"熟人"痛斥不已,主导内容为痛斥他们很愚蠢。如此转瞬间,真理又不见了。这像个害羞的女孩子,别人一争论,自己红个脸就跑掉了,从来不说点什么。实际上我要说的是,像我们这类人凭借什么看不起他们那类人呢?原因很可能在于我们的内心比他们要丰富些,他们懂的东西,我们是懂的,比如人生是现实的;他们不懂的东西,我们也是懂的,比如人生不是现实的。看来这一点是原因,并且很根本。还亏了如此,否则要是我们懂的东西人家不懂,但人家懂的东西我们也不懂,它充其量只能证明我们是不同的,你也就根本没有任何一点点资格去轻视人家。目前的状况还好,达成了一定的自我说明,我们也就可以大模大样了。

>>> 理智的情感是不可能的

"解构"是后现代哲学的一个名词,指"理性"甚或"冷酷"地看待在普通人的感受中那些崇高的情感。遇事非要去"解构"有些招人讨厌。比如你当着女人的面解构母爱的神话,比如你当着情人的面解构爱情的神话。但是不管你如何解构,却又无法消解人类自然产生的感情,人家对此会不在乎。就算女人在母爱中追求了自身哺乳的性快感,就算我对爱人的奉献最终是为了我自己的利益(这些都是"解构"的方式),那又怎样？我依然觉得作为母亲有一种崇高与厚重感。我依然会在对情人的奉献中感到无私与高尚。在人的理智认同其所被解构的东西的同时,他依然可以生活在自我情感的神话里。这让我想起了一位心理学家(忘了是谁)讲的一句话,"你是说我自相矛盾吗？——是的,我自相矛盾"。人家才是大聪明人,因为他发现了人类机体内部的非理性。所谓"理智化情感"是我们的虚妄与无识之处,它是不可能的。

>>> 君子与小人

不少人是君子。生活中他们的苦恼之一是"常恨被小人所'度'"。从人的心理上来看,人与人之间的差别异常之大,为了对他人的心思有所准备,对他人的行为有所估计,小人只能用"小人之心"来"度"君子,就像君子只能用"君子之心"来"度"小人一样。在这种意义上,君子和小人,虽在人格上有高下之分,但在心理上却是平等的。这在心理学上是简单的,其本质叫做移情。生活中移情性的反应很多,比如我对"吃"有较好的兴趣,因此每年春节回家看父母的时候,就会经常买些新鲜一点的吃的东西,因为我通过自我移情性的反应,体会到其中的快乐。而姐姐总会给父母买些适合些的穿的,道理也在移情。在这一点上,两个人谁都不容易扭过来。

>>> 英雄与敌手

孩子和成人的最大区别是,在孩子心里,自己是自己心目中的英雄,同时也认为自己是别人心目中的英雄,所以在心理上很统一、很平衡。

这不复杂,它本是孩子式"自我中心"的表现。心理学把此叫做"舞台上的自我"。与孩子不同,在成人心中,生活的经验告诉他,自己不是个十足的英雄,并且时常被英雄所击败,所以心中不很服气、不很平衡。如此,你会看到在观看体育比赛时,多数孩子总是为英雄加油,希望英雄击败敌手,因为英雄本就是自己。而更多的成人总是为弱者呐喊,巴望弱者战胜英雄,仿佛如此才能为自己"出口气"。在这种意义上,体育比赛遂通过不同的方式,对成人与孩子产生了相同的魅力。

>>> 天生丽质

因为"制造",所以才会使人清晰地意识到"出卖"。这话有些不好理解。我指肤色黑的人要费劲儿"美白",以让别人喜欢;胸部平坦的人要忍痛做手术,以使别人激动,还要买下大房子以招得凤凰来。在这种意义上,"不制造者"便意识不到出卖,就像天生丽质的"生物精英"(A. H. Maslow 的心理学概念,大意指天生禀赋上的优秀者)获得爱情,也像儿童通过血缘和天真获得爱与喜欢一样。后者的世界美好、祥和。因此才有了每个人幸福的童年和"自身条件不错"的人,其内心的感动和爱心。其实这只是因为他们不曾"制造"。对那些正在"制造",感受到"制造"的原因,并且因了这种原因而看到真正的"人情"的人来讲,他们心中没有爱情、没有感动,只有交易、怨恨与自我被控制感。在这种意义上,对某些人来讲,"感动"确是大大的误会了。感动是一种误会,但也许误会就不错。而要是"不误会",你可能就要大不幸,或许这是真理的代价。如是,人生的幸福与不幸也多了些偶然。

>>> 缘分与友谊

从一种意义上讲，人大致可以分为两种：一种人喜欢"求人"，这样他可以办成自己想办的事。另一种人喜欢"被人求"，自己的事没办，没什么关系，这可以让人感到"自己很有用"，他同样挺满足。在心理学上这叫做自我价值感。如此看来，喜欢求人的人必须遇到喜欢被人求的人，反之则不行。遂人生是有缘分的。人生是有缘分的，例子无处不在。恋爱、婚姻问题更是如此。比如你有什么缺点，对方却不太在乎，这缺点就相当于没有。与此相反，你有什么缺点，对方又非常在乎，问题就会变得严重起来。因为你的一个缺点，转瞬间就可以变成两个，两个以上甚至全部缺点。

>>> 为什么画裸体

社会上有一种流行的偏见，认为大凡艺术不可能和直接的性欲相关。仔细想想，它是不对的。花朵可以作为艺术对象，并且关于花朵的艺术肯定是和性欲是不沾边的。人体也可以作为艺术对象，但关于人体的艺术，却显然是和性欲相关的。和性欲相关的东西之所以能够成为艺术，其原因在于，它可以使性欲变得积极，变得厚重，变得精神化，变得不充满占有欲，变得神交而充满尊重。而其中相同的东西，则在于它诉诸的感官显然是一种性的感官，而不是别的，否则所谓人体艺术为什么要画光着身子的人呢？穿上毛衣毛裤好了。在我看来，什么人体的肌肉、起伏、质感等等让这种艺术须臾离不开的东西，不是胡扯、低智，就是不敢说实话，至少是等而下之的东西。

>>> 傻瓜与人体艺术

关于人体艺术,还要再说两句。在这一点上有三种傻瓜:一种人在搞人体艺术创作,但是内心从广义上根本没有感受到与性的欲望相关的律动,他们还可以号称自己是"人体艺术家"。我建议这种人去搞建筑,或搅拌石灰。第二种人欣赏人体艺术,但也没有感受到任何一点点和性相关的律动,他们像欣赏花朵一样欣赏着人体艺术,并且还自以为要比别人的情趣高雅,甚至贬低别人低俗。我建议他们去泰山登顶欣赏日出,可坐缆车。第三类人欣赏人体艺术倒是感到了和性的欲望相关的律动,但是有些过头,甚至可以勃起。我为他们感到不好意思。

>>> 美是残酷的

美学上有一个结论,叫做"美是功利外化的产物",它指让人感到美,使人产生"美感"的东西,从根本意义上看,都是可以给人带来好处的。比如"男人的美在于力量"。而力量是什么呢?力量的本质就是"杀败对方"。如是,我们就可以看到,在生存资源匮乏而充满优胜劣汰的世界,在关于力量的"美感"中,总是可以见得残酷,甚至血腥。于此,我指那些"被杀败"的人。被杀败很惨,这没什么好说的,活都活不了。然而不管怎样,我们却早已习惯了不去见这种美感和力量的背后是些什么东西。如此看,"美"是枚硬币,其背面"残酷",只是人们不愿看。在这种意义上,把"美"的残酷一面揭示开来的东西,成为艺术心理学中"悲剧意识"的一种。这种"悲剧意识",使"美"变得厚重,使"美"在"美的同时"变得"不美",使人在审美活动中变得话语不多。人在话语不多的时候在干什么呢?实际上他没有闲着,他在体会世界与自我的本质和自己能够做些或者不能做些什么。人类的精神世界在艺术的审美价值中获得发展。

>>> 请客吃饭

我们这个时代讨厌"深沉",尤其是"故做深沉"的人就更招人讨厌。现在追求的是轻松、快乐和享受,这非常可以理解。有很多大思想家看到了其中的不少原因,什么缺乏宗教,什么社会异化,什么道德的人与不道德的社会等等,讲得非常好。但我却始终觉得,除了这些深刻的思想性的原因之外,好像还有一个绝对谈不上深刻的小原因,就是那些"深沉"的人从来没有主动请过那些讨厌"深沉"的人去吃个饭,从未找个名目送上些厚礼,或者从未对你表现出足够的景仰,比如夸你真是天下无双啊。上述好像也是原因。关于这一点,他们肯定都不会承认,因为自己从来都没有那么想过呀!不管怎样,心理学有证据表明,事实如此。这类似人的一种无意识动机。

>>> 无意识与方法论

心理学家说某种东西存在于你的无意识中,这话本身是矛盾的。既然是无意识,你怎么可能知道。其实心理学家也不是在胡说,他们有这样一种证据。比如我说你讨厌"深沉",其中一个原因是"深沉"的人不曾请你吃饭,或者是未表现出对你足够的景仰,这是你的无意识。为什么心理学家可以这样认为呢,这是因为如果"深沉"的人给你足够的"承认",例如对你崇拜有加,那么你便不会像原来"那么的"讨厌深沉。你在内心很可能会感到,"原来这个人的深沉还是有其独特道理的"。在你态度前后的转变中,其他的一切条件都没有变,而只有一个"变量"改变了,就是"你被请上了台面",可见只能是后者在其中发挥了作用,否则又如何解释你前后态度的转变呢？这就是心理学家所谓能够对人的无意识心理活动进行推断的原因。在心理学研究方法上,这被称为"质的研究"。

>>> 假性感

因为"缺乏"所以我们便会"需要",这一点很容易让我们以为"不需要"的人十分富足。这种现象适合于现实生活中的一类人"对于爱"的感受和表现。现实生活中有一种人,她们不太需要爱别人,也不太需要被别人所爱,因此我们便以为她们心中有了太多的爱,令我们觉得这种人十分性感。其实这是一种"假性感"。心理学研究表明,早期广义上的"母爱"与"重要他人之爱"比较充分的人,对爱与被爱的需要不会过于急迫,这种"非急迫性"使得"内心有爱"和"假性感"的人被混淆了起来。实际上,这两种人完全不同,"爱的满足"真正充分的人,尽管其爱与被爱的需要并不急迫,但他们在"爱的关系"中有能力给予别人爱,而假性感的人则不能够给予别人爱,因为她们内心本就"没有爱",这是一种特殊生活经历使然的结果。在此,不误解生活是首要的。

>>> 心理测验

心理学有很多心理上的测验,来测量人的道德感发展水平,但效度总是不太理想(效度是个心理学概念,大概指我们测量到的东西是否准确的就是我们想要测的东西)。经过努力钻研,我发明了一个小的测验,来测量这一点,效度还不错。内容很简单:为了让你出名挣钱,你在多大程度上可以不怕遭人骂。给多少钱都怕别人骂的人,道德感发展水平最高。给钱多了,挨点骂也不在乎了,道德感水平次之。只要给钱,爱怎么骂怎么骂的人,道德发展水平最低。这一测验效果很好,推荐心理学专业的博士生、硕士生、本科生及相关行业的人士试用。附带说一句,现在不少人说到什么"道德滑坡",并说是什么"社会进程"。在我看来,这一进程中还有远比社会进程要快得多的"个体进程",我指多给你几次虽挨骂但却"多快好省"的钱,道德在两个礼拜之内,就完全可以滑坡。

>>> 谁说与蠢材谈不来

一些有文化的人总是抱怨与蠢材谈不来,其实在这件事情上,他们并没有经过成熟的思考。比如我和别人说,我写的这本《幸福意志》,其中小段小段的东西,很适合在地铁上读读、睡觉前读读、等飞机时读读,因此是"快餐文化"之一种,很适合我们时代的大众来读。这一点就曾为我赢得了不少赞同"快餐文化"者的认同。实际上,我这是故意的"正话反说",目的是和别人建立友谊。在我看来,小段小段的东西,并不必然是"快餐文化"。快餐文化是根据思想的幼稚、肤浅与并不充分的自慰性情感来定义的。它绝不是通过是不是"小段落"来定义的。在这一点上例子很多,比如尼采的《权力意志》和《查拉斯图拉如是说》等都是如此。我们横是不能认为尼采的书属于"快餐文化"吧。这种东西像压缩干粮,它就是这么做出来的,你得慢点吃。这怎么也快不了,原因还是它就是这么做出来的。非要快,就会消化不良,搞得肚子痛。

>>> 马斯洛

>>> 非读书不可

不少人不太喜欢那些所谓知识水平很高的人,比如博士,比如某某学界大牌等等。其中多数原因通常并不在于讨厌知识,而是发现颇有些经纶满腹滔滔不绝的人,其内心"爱"不多。为什么这些人知识水平很高,"爱"却不多呢？这并非由于知识太多而使"爱"消失,而是被 Alfred C. Kinsey 老先生(美国性学家)称为"自然选择"的因素使然。那些内心有很多爱的人,通常等不及"老大不小"读完博士,便恋爱结婚了,便做母亲了。换言之,不少人通常等不及皓首穷经做出大学问,便该干嘛干嘛去了。如此他们也挺满足,这种情况并非不常见。或许在一定程度上,内心"爱的能力"发展受限的人,有着更大的可能倾向于非要干个什么不可,例如做出大学问。伟大的心理学家 A. H. Maslow 说,人率先需要的是爱与自尊的满足,然后才是知识与智性的满足,而上述爱和自尊之类的满足,在生活的各个方面都可以得到,不见得非读书不可。在我看来,因为爱的能力发展受限而做成的大学问家有些可悲。而那些"爱"非常充分,只是基于自我实现的意义而成为的高知识水平的人,才值得人尊重,只有他们,才是真正的人中精华。

>>> 流淌的温柔

对于男人来说,恋爱中的女人是温柔的,这很美;甚至温柔成为了陷入恋爱的标志,这同样很美。陷入恋爱和过去没有陷入恋爱,其中肯定有着内心感受上的变化,在我看来,这缓慢变化的过程,便催产"温柔的诞生",例如日久生情。这甚至还包括所谓一见钟情。原因是,即使"一见钟情"也是在主人公内心经历了长久的描绘与想象的过程。重要的是,不论是哪一种生情,其"温柔的诞生"都不会突然。"温柔诞生"的突然性,常令人不安(这一点如同孩子降生得过于突然,通常活不下来),其原因在于敏感的人类,可以分辨出生命中自然流淌的温柔,区别于人间的对温柔的"工具性使用"("工具性使用"是社会学概念,指有动机地服务于某种"外在的目的")。流淌的温柔和对温柔的工具性使用差异巨大。其是否"存在目的"自不必提,"流淌的东西"通常不会收回来,流出去是目的。"工具"与此不同,它是会收回来的,尤其是在用完了以后,例如一把上好光泽的铁锹,下次还用得着。

>>> 成为残疾的可能

在现代社会,肯定有人会否认所谓"献身精神",比如说为了领袖的号令而献身,遂不顾自己成为终生残疾。但不为领袖的号令而献身,却不妨碍我们为了其他东西而冒上这种风险,比如为了金钱、荣誉,为了心驰神往的女人,或为了被心驰神往的女人所拒绝。如此看来,成为残疾,至少冒上成为残疾的可能性便是肯定的了。这甚至成为我们生命中一种"内在的规定性"。在这种意义上,我们时代最大的危险在于:这个时代的人,觉得一切东西都不足以让自己冒上这种风险。问题是当生活毫无风险,躯体完好,幸福安康,并且当什么东西都已然成为了你的,你会发现生活也并不十分有意思。其实,后者的本质就是"占有",而"占有"绝不是最高级的,就像幸福的人在最幸福的时刻,通常会说"我是你的",却很少说"你是我的"。"你是我的"有什么意思呀,充其量像又多了个玩具。

>>> 男人没一个好东西

关于"生活"与"性",成熟女人会有一些深刻的感受。其大意指你说什么也没用,不论是哲学家还是流氓,只要是个男的,那么他们要的便都是女人的"性",在这一点上男人都是一样的,遂男人没有一个好东西。不容否认,男人确实喜欢"性",其原因是雄性动物都喜欢性。但是都喜欢"性",却不能因此便认为哲学家和流氓没有区别,即使是在和女人的"性关系"这一点上。其原因在于,同样的"性"对哲学家和流氓产生的心理意义完全不同。这也如同傻瓜和天才都把女人比成花朵,在这一点上,天才并无任何"天才之处",但并不能由此得出结论,天才和傻瓜无异。在我看来,即使仅就花朵来说,天才和傻瓜的差别也确实存在。天才创造自己与花朵之间的美好关系,他懂得花朵的意愿,他让花朵成为花朵,他不仅投入地欣赏花朵,还出神地感受"花朵成为花朵的原因",而在这些地方,傻瓜则不行。只有傻瓜才只要"花朵的性",例如女人。

>>> 没文化的家伙

据说欧洲人瞧不起美国人,认为美国人没文化。就经济发达地区而言,你凭什么说人家没文化呢?人家科技发达、文明优越,又何以至此到"没文化"之说。仔细想来,"文化"似乎只有一种解释的可能,就是我们生存的历史与空间所积淀下的人类情感的厚度。因为不管怎样,那些外在于我们的创造物,最终要在我们内心的情感世界中实现它的影响。上述情感的厚度与空间,由"天堂的欢乐"与"地狱的痛苦"支撑起来。也因此,有历史、有痛苦的民族就会有厚度,原因是它的"底限"比你低。同样,有历史、有痛苦的民族就会有对幸福的深刻期待与强烈感受,因此它的"上限"比你高。欢乐超过你,痛苦超过你,你便不值一提。此如同长江所埋葬的灵魂及其长久的欢乐与呻吟,只和它的历史有关,和它的物理长度没关系,我指你用高科技造出一条更大更长的河流,它没什么用。

>>> 有限的责任

我喜欢算100以上的加减乘除,这样我才会觉得有意思,原因是我的智力已经发展到了这一水平。如此,我就容易和那些闷头算二加二的人合不到一块儿去。其实二加二也挺可爱的,比如等于三,这像孩子。问题是,生活中那些算二加二的人,还会觉得自己不简单,还批评你。其实这也挺可爱的,比如我的想法受到了我12岁的侄女的批评。这种时候,我通常不太介意,它指挨完批评之后,我就要带她出去玩了。我要带她出去玩,她还闹着不去,这时我就要给她买些东西吃。实际上,我的意思是说,我所以能够对孩子并不着急,是因为他们还能够长大,我们对他们的成长与完善还可期待。而我不能以如此平和的心态,相反,我通常会以一种较为急躁的感觉,来对待我们的成人世界,其原因在于,我们已经都长大了,至少在此辈已无可无限延伸我们的期待。都这么大了,还算二加二,人类就要绝种。想来,我的急躁乃源自我自身有限的社会责任感,它指我对人类退化的可能性有些担心。于此,我并非想证明自己高明。我的本意是,你要是也算复杂乘除,而不只是二加二,我即使跟在你的屁股后面算,我也觉得挺有意思。

>>> 关于二加二

关于二加二,还要再说两句。从本质上看,我是可以去教孩子二加二的,我有做幼儿教师的兴趣,原因是孩子以后将会解决复杂问题,比如关于宇宙,关于人类社会的精神文化走向。这让我感到光荣并同时激动。相反成人的二加二会令我十分沮丧。不容否认,成人的二加二是有意义的,比如教那些不会"二加二"的成年人熟练使用"二加二"。尽管道理如此,但我依然十分沮丧,原因在于人类精神发展的无疆域性以及对

"创生之神"的无限趋近性,就要在这种无休止的"二加二"中,被迅疾地降解。这像一个锈蚀的苹果,转瞬间黯淡了植物高贵的营养与人类精神世界亮丽的光泽。它让我感到悲哀。这种悲哀的感觉同样是有原因的,它源自个体生命的"存在意义"与人类整体精神世界的进步和昂扬的直接联系。于此,我只是不想在这种意义创造中,受到不厌其烦的"二加二"的累赘,想来这是我无法写出通俗得不得了的所谓书籍的原因。上述思想有些复杂,实际上我真正想说的是,一个幼儿教师的骄傲神采肯定来自自己教过的孩童终成大器。30年后,那个家伙还闷头算二加二,我相信,那个幼儿教师闻讯便会躺倒在地。

>>> 左心室肥大

健康人的心脏也就拳头那么大。不算大的心脏,其作用在于盛些美好体验,并且盛着盛着就满了,遂变得幸福。换言之,于很多事情,他们"有够"。相反,有些人心脏较大,大概像一种左心室肥大(一种心脏的器质性疾病)。这些人做起什么事来,就有些"没够",例如老会觉得自己还有很多潜在的能力没有发挥出来。仔细观察生活,我们会发现,那些总是觉得自己还有很多能力没发挥出来的人,实际上他不是"潜在"的能力没有发挥出来,而是他"现实"的能力没有发挥出来。他因为"现实能力"没有发挥出来,所以内心缺乏快乐体验。一个缺乏快乐体验的人就容易"左心室肥大",医学上叫做病理性代偿,因为他总是情不自禁地把快乐体验的缺乏体会为得到的东西不够多。健康人与此不同,他有效地发挥现实能力,然后他很高兴。真的很高兴的时候,分心想到其他事情就不容易,说到底,人是享乐的动物。一个不恰当的例子是,我估计大天才Albert Einstein只可能偶尔想到,但却不会过分地懊悔自己拉小提琴的才能没有充分发挥出来。

>>> 灵魂完整性

我们经常会在某些社文书中读到所谓"灵魂完整性"之类的说法。在我看来,这种让人摸不着头脑,看了之后跟没看一样的东西,毫无任何一点完整性。真正具有灵魂完整性的东西,要触动与改变人类的心灵,遂产生对于世界的意义。我说人对世界的意义是如此产生的,这句话到目前为止也没什么"完整性",原因是你看了之后,跟没看也差不多,我指完全没搞懂。生活中的例子是,比如有些人无意中"碰"到或影响了别人,这本没什么,只要道个歉,说声对不起,啥事都没有。让人感到不舒服的是,他们在道歉的时候,可以用极快的速度连续说上好几个"对不起",然后便大模大样地昂扬离去。这让人感到似乎对方没觉得有什么"对不起",只是说了个"对不起"。在我看来,"对不起"的真正含义,也即具有心灵完整性的东西,不光表现为认知与句式,内心大概还会有些愧疚心情的产生,也因此不会以上述那种"毫无内心体验"的方式说出来。对这种人来讲,你以一种没有人格完整性的方式和别人接触,对别人的心灵全无"触动",对世界也便毫无意义。它大致相当于你伤害了别人,哪怕只是一点点,但你根本不道歉,难怪别人觉得不舒服。

>>> 偷不如偷不着

文明在进步,因此和先古比起来,现代社会风气要好些就容易理解。在这种意义上,我们的长辈只发现了"妻不如妾,妾不如偷",但是我们子孙们却在此基础上发现了"偷不如偷不着"。为什么如此明显的事实,我指"偷不着"能够促进人类内心快感的发生,只有我们后生能够发现,而长辈无论如何就发现不了呢?其中的原委很可能在于,先古的民风多些堕化,又娶又偷,想偷就偷,管得不严,一偷就偷着,这就有点要命,因为"偷不着"的快感竟被无意中丢掉了,令人抱憾。上述是个例子,它并不是我想说的。我真正想说的是,在任何一个时代,我们的知识与学问都能够抵达一个较好的高度,使当代者能够对生命的存在,做较为充分的"自我明证",于此我指先辈们发现了"娶不如偷",这肯定是个不要脸皮的事实。但此后,人类在自我认识上的创造却从未停止过,我指后生们发现了"偷还不如偷不着"。这其中的原因并非在于我们比先辈聪明,而在于随着社会与时代的变迁,我们自身的潜能被开发了出来,并且永无止境。我如是理解个体发展的所谓"历史局限性",也难怪多聪明的老先辈,无论如何也发现不了"偷不如偷不着",这一点只能靠我们自己。

>>> 不断发展

我这里的"不断发展"指上述的"偷不如偷不着",它不会停滞,还要发展。此中的原因是:"偷不着"会憋闷,这难免委屈。同时,这也不是他的根本目的,他的目的是想通过"偷不着",利用"偷不着",进而最终又能"偷着",来增加自我的快感。因此他会说,你假装"不让偷",你坚持一会儿,最后再让我"偷着",然后对方点头同意了,这像小孩子做游戏,事先需要制定点规则。如此,便可以在一定程度上增加种"两全其美"之感,它指"又让我偷不着又让我能偷着",我如是理解人类某些"仪式化行为"的产生。上述不是我最终想说的,我最终想说的是,"仪式化"行为还会发展,他会觉得"事先商量好"这件事没什么意思,"事先商量好"叫什么呢?这不够过瘾,因为"真实感"不够。如此,他怎么都不行,他很矛盾,遂发展出人类的另一潜能:他要忽视生活的"必然性",我指"偷着"、

"偷不着"和"事先商量好",上述方法全不行,他继而要期待那些在时间的沉默之中浮现出的"偶然性",他指望通过这种偶然性的神秘降临,获得一种"偷不着"与"偷着"的感受的同时达成。这种偶然性极大,近乎不可能的"同时达成"完全违背逻辑,完全违背逻辑的东西可以朝多方向发展,你完全不可预知,因此人类无限发展。

>>> 抱怨浮躁的人也浮躁

很多人说我们的社会是浮躁的。它指为了那些金钱、名誉甚或表面上看起来很高明的自我价值的证明,我们很难踏踏实实地坐下来,花较长时间,做那些充满智慧,对别人、对社会真正有益的好事情。过去的时代讲"十年磨一剑",而现今,"剑"的好与差,已经不再具有首要的重要性。重要的是,"剑"即使好,但你卖不出去,这10年可怎么过?其实,我真正想说的是,尽管浮躁是现今社会的一个问题,但是还有一个比这一问题更严重的问题,它指在我们的社会中,那些抱怨浮躁的人,自身也浮躁。而如果那些抱怨浮躁的人自己能够不浮躁,也许我们整体的社会氛围,就不会那么浮躁了。抱怨浮躁的人也浮躁,其中的原因并不复杂,倘若不跟着浮躁,自己这10年也没法过了。可见,真正想要不浮躁的人,必须能够承担一些丧失与代价,不承担这种代价,则不具备抱怨浮躁的基本资格。

>>> "快餐"文化

过去的时代,说某个作品"值得玩味"是文学上的一个美喻。现在不同了，我们进入了所谓"快餐时代"，连文化都成为了快餐，所谓"快餐文化"。"快餐文化"显著地要求文字或思想，要非常直白，不能要求读者和观众动脑子去想，它指要喂到嘴里，动动牙齿即可，同时要好消化，"玩味"似大不可。当下里我们可干的事太多，老"吧唧嘴"去玩味就容易耽误事。实际上，我真正要说的是，物质上"快餐"的目的，是让我们吃完了之后去做些其他重要的事情，不以感官为目的，这是好事情，我是支持的。然而"文化快餐"便会有些问题，赶快吃完，赶快吃完，然后再去干点什么事呢？它大概指我们现时代，精神活动已经成为工具。当精神成为工具，它又为什么东西去服务呢？在我的理解中，精神活动是为其自身服务的，这是 A. H. Maslow 所谓的"无动机行为"及"表现性价值"，它让人获得心灵宁静与安慰。果如此，"玩味"才足以跨时代地成为品读精神上一个恒久的美丽量度。

>>> 亚洲天后

每天上班经过不同的车站，总能看到同样的一幅巨大广告牌，上面画着某歌星为化妆品做的广告，称该"星"为"亚洲天后"。这并不奇怪，亚洲这么大，总会有"天后"。略感不解的是，路上还经常可以看到很多漂亮姑娘，气质好，皮肤好，好像比"天后"还要好，但是她们却没有什么称谓，除了同事和她的孩子认识她，她没什么地儿好去。这些东西见多了，也就习惯了，但偶尔还是会想到一个让自己略感不解的问题。我总觉得即使"天后"真的因为过于漂亮而飘在天上，但是在"天后"和地上跑的两条腿的普通人之间，总该有一个过渡阶段。现时的情况是这个过渡阶段不见了。这不可能吧？仔细思考，我发现，这个过渡阶段还是有的，它留给了化妆品。

>>> 宝石与粪便

某现今已有名气而即将声誉日隆的中年教授,这是我的看法和预计,"十年磨一重剑",现今扛到"街上"来了。他跑到媒体大谈通俗文化对于社会的意义。而几年前我看到他的时候,当时他正在媒体大谈"真正的学术"的丰碑价值,指责某些流行如过眼云烟的东西,如硕大粪土。我对这种人十分看不习惯,其原因是,如果您教授如此善变,如果您是魔术师,是魔术大师,但你忽而将硕大宝石变成硕大粪土,一会儿又将硕大粪土变回硕大宝石,尽管你技巧高明,那么别人也会比较烦你,因为你变化过大。另外,只要大家一想到你手中的宝石是大粪变来的,也就不会喜欢了。

>>> 好多好吃的哟

读研究生的时候,公告显示一个大 party 正在计划中。花体字打出了"好多好吃的哟",四周边镶上美丽花纹以示"热爱生活"。这种广告通常不会太吸引我。其原因在于,我的父亲病重,我总是想着他笑着给我讲,他是如何在小摊上买到了一块钱一双的凉鞋,这需要他眼疾手快地从一大堆胡乱摆放的鞋子中找到能"配上对儿"的那一只。然后,父亲把"成沓儿"的钱缝在妈妈的裤袋里,带到北京站。因为他的几个兄弟,由于没有足够的钱到县城看病,生生地就那么死在了家里,这件事让我感到了爱与心痛。还因为妈妈告诉我,我的早夭的大姐姐只一个半晌,就死在了幼儿园。她等了妈妈一下午,说好了回来让妈妈抱。现在妈妈腿脚不好了,这让我感到普通人生命流逝中饱含的情愫。还因为我在病房见到一个13岁的小男孩,他告诉我他的病是血管畸形,并且由于太严重而不能做手术。每天黄昏的时候,他总是安静而略带欣喜地坐在病床的边上,晃荡着两条小腿儿,等着爸爸来看他,给他送饭,带好吃的给他,脸上没有任何一点悲伤与自艾,这让我想到了命运与尊重。因为如此之类的"很多",我便对"好多好吃的"没有什么兴趣。换句话说,我不想"装嫩"。"嫩"似乎代表了一种童趣,比如孩子说"好多好吃的"哟,并为此流下了口水。"装嫩"则不然,它代表恶心和呕吐。30岁的年龄,如果站在这种广告旁边依然很动情,那么有理由考虑变态心理中的一种,叫做"精神发育迟滞"。

>>> 时尚、诗歌与喇叭裤

给"时尚"这个概念下个定义不好下,但是要理解什么是"时尚"似乎并不困难。我们经常可以在街上看到它们。比如新世纪女性的露脐装,再比如上个世纪的喇叭裤,还比如某些人写的诗歌,居然可以卖到上百万册。他们成名早,目前正健康,正进入旺年。然而不到几年时间,大家早已把诗人忘记到脚心的鸡眼里,做手术挖去了。他们"著名"与"流行"的时间,大抵不如喇叭裤,这样说是准确的,因为喇叭裤起码时兴了几年,而他们的诗歌只有几个月便无痛流产。时尚的特点是它们都是只刮一阵风,不具备长久的合理性和道德价值,我估计露脐装便会如此。过不了几年,人们可能就会感到,关于"脐"及其附近,遮起来可能会更美。如果非要做一个类比,那么我们可以发现,孩子的开裆裤便不是时尚,它恒久且具有长远的合理性与道德价值,不信你可以问问孩子。

>>> 广告与强暴

如果说我因为要看电视节目而必须看点广告,不是什么不对的事,对方也有相应的权利,并且我还能选择不去看某些我不喜欢的广告的话,那么依然有些广告是很差劲的。那些广告很短,并且快速地连续播放,每天连续播十数遍以上,它使我经常来不及找到手边的遥控器,进而行使我的"选择不看"的权利。我不喜欢看呀,我的大老爷,你却趁我找不着遥控器的当口,侵扰我的情感。尽管程度不重,但性质恶劣。无独有偶,有一个阶段,车厢中有一种"听觉"广告,它连续播放,声音极大,让我躲不开,你不想听也得听,因为你下不去车。这让我想起了我给小动物做的实验,那些小动物在一个它不喜欢的声音很大的环境中无处藏身,烦躁而气愤,到处乱跑。我往哪儿跑呢,车速极快,到站了广告就停了,一开车就开始。

>>> 我要浪漫你

大街的通栏上轰然呈现一大标题,叫做"我要浪漫你"。可爱的小始作俑者起这么一个题目的缘由,大略是想表明女人对"浪漫"的热衷,并且在其中强调了女性的主体意识。我不反对女性的主体意识,却反对作为男人,糊里糊涂地被浪漫。浪漫是种"欲望",你要浪漫我,必须先征得我的同意。你不能想怎么样就怎么样,否则就是拿我当工具,并且是泄欲工具,这是不行的。如果你非要这样,那就会"一报惹一报",原因是你不懂得尊重别人。你话没说清楚,也没等我想是怎么回事,上来就把我浪漫了,这会搞得我身体很不舒服,还是那句话,它程度不重,但性质恶劣。

>>> 我就是好色

时代发展真是快,这一点如同过去我们曾经羞愧谈起的"生活作风不好",也如同现时代某些人可以骄傲地宣称"我就是好色"。光"好色"并不是什么必须要十足夸耀的事情,尽管它比连"好色之心都没有"更符合两性期待和道德理想,但显然不如既才华横溢又充满爱心,同时又和你一样"好色"的人,后者才值得夸耀。在我们的时代,"宣称"和"承认"通常被认为是勇敢和不虚伪,这是对的,但是不能因为你不虚伪了,就令你有了傲视别人的资本。道理是简单的,比如你有某些难以启齿的冲动和行为,例如"拔毛"、"受虐"或是整天想着用异性的内衣裤达成自我性高潮(这是某些人格障碍者特殊的行为表现),尽管你很诚实,你很不虚伪,你很勇敢,你会大声地喊出来吗?估计不会,你只能偷偷地去找狗屁心理医生。如果要真的去深究这里面的原委,我们可以看得清楚,那就是我们社会中的部分人物,连起码的道德要求都难以做到,比如不虚伪,这使得那些敢于宣称"我有不可遏止的骚扰妇女的冲动"的人,都成了所谓的"英雄"。

>>> 钱对女人最温暖

前几天文坛出现了一个引起众多注意的热点标题,叫做"钱对女人最温暖",大意是婚姻中的女人对男人失望,对感情失望,因此就理直气壮地去捞了男人的钱,因此就用捞来的钱来自我享受,因此就享受得相当充分,这样便满足了对整体男性的报复情感,然后自己就很有道理,然后不光是有道理,简直就是个哲学家。在我看来,如果把"钱对女人最温暖"作为一种因对时下两性关系失望,对男人失望所致的情绪性表达是可以理解的,但是作为信念与价值观显然是不对的。这就像我们想要做一个正直的人,而我们一时还难以做到。但是目前做不到,却不妨碍"做一个正直的人"仍然可以成为我们的理想。短时间做不到,哪怕是一声长叹,它也是尊重的、是心怀爱的、是有信念的。一个社会的堕落是从信念的丧失开始并到此结束的。

>>> 寒冷与温情

我的一个朋友是东北人,在很冷的地方长大。他说冷天比暖天要好,因此东北比北京要好。"在我们那儿,天气冷啊,大清早一出门,大家都冻得个红鼻兔嘴,因此相互之间就容易充满探询与关照,什么这天儿可真冷呀!什么看看你新绒衣,看看我的空心棉之类等等。如此这般,大家就容易觉得自己依然被外在的'活物'所惦记,并与这个'活人'的世界有着某种温暖一点的联系。相比而言,物质生活太好,包括保暖条件太好,就不容易这样。比如北京,冬天不太冷,多数人条件优越,三两步就钻进了自家的小汽车,或者是漂亮、温暖的空调车,这就容易让人们神情高傲、严肃,保有陌生与尊严,说话时看也不看你一眼。一句话,冷漠。"寒冷天气能使人间充满些温情,这是有原因的。在我看来,它源自人与人之间在寒冷的气温中,纷纷恢复了基本的"平等"意识。

>>> 拜脚狂

有些人崇拜成功,膜拜成功,这种"拜倒"的架势,有些像性心理变态中的一种叫做拜脚狂。拜脚狂因其性激动以膜拜对方的脚为特征,其架势通常是拜倒在地,将对方的美脚高高捧起,以便产生自我性激动。心理学所以把拜脚狂列入很糟糕的性变态之列,原因是,这种拜脚的状态,只能为拜脚者自己带来特定且异常的性满足,却难为"被拜者"带来持久的满足,原因是对方已经想做爱了,而你还抱着脚不放。显然,对成功者的膜拜,更多地是满足"向对方认同"的利己心理。真正优秀的成功者绝不会只满足于"被承认",例如漂亮的脚被高高捧起,他同时更需要砥砺,在砥砺中创造,例如做爱与创生,这才是他更为重要的目的。否则他便不可能是一个优秀者,或许只能叫做一个"被足恋者"。"拜脚狂"和"被足恋狂"可以结成一家,这不伤害任何人,具有基本的道德正当性,然则不够理想,因为它从不创生,缺乏"创造的价值",心理学就是这样讲的。

>>> KTV 与卤水大肠

　　有些人说唱 KTV 的人,是驴在叫。驴是可以叫的,因此不必过于反感。最适应不了的,是在包房内吃饭。在肉味和音乐搅在一起时,最让我受不了。这种难受的感觉并非是我故作高雅,这种感受的产生有着科学依据。比如音乐治疗学和生理心理学研究都表明,音乐的作用,是使人脑神经细胞的"放电"(neuronal firing)规则化、重复化,旋律化,快感由此过程产生。与此相反,吃饭的时候,不管吃什么好东西,它所激活的神经细胞活动模式,不论怎么说,都是从一种"激活"模式转入"消退"模式。如此看,这两种模式完全不是一回事,甚至相互抵触,即使是在大脑内部神经细胞活动的水平上,也完全搅和不到一起。这也就难怪当 KTV 的小男生把饭菜一端进来,我就不自禁地会哽咽住,再也唱不出来。当时我好像正在唱《灰姑娘》,又偶然地瞥见了卤水大肠。

>>> 道德与法律

现代社会要健全法律,这一点很对。与此同时应该健全道德,这同样也很对。因为光有法律是不够的,还应该提倡道德与体谅。楼下的住户实在受不了了,把楼上的住户告上了法庭,原因是楼上夜晚相好时,叫床的声音太大了。像这种事情法庭可怎么判呢?判成"楼上的你不许叫",这叫什么话。甚至连判成"你小点声儿叫"也不对,这是人的基本权利。令人困顿的是,楼下的人家也并没有错啊。这只是一个例子,说明有些人际冲突,光有法律是解决不了的,需要大家相互体谅,需要"健全道德"。它指我尽可能小点声叫,并且第二天见面时,内心怀有一丝歉疚。或者是另一方心想,平时对方人不错,并且叫得也不算太难听。果真如此,这事也就过去了。总之,不要闹到法庭,因为不会有用。

>>> 个性的泯灭

现代社会讲求效率,这很好。在这种意义上,提高效率的最好方法便是使用"一般等价物",例如"钱"或者"房"来给人做个标定。这能够让大家一下子就可以了解你的"价值"及对社会的贡献。这一点像过去嫁一个女子,需要到男方家里看看,有几头牛。现在不讲牛,讲牛有些落后。现在可以讲成"我叫两层复式"、"我叫精装小板楼"、"我叫月供五千",或者"我叫租房"。对于这种分类方法,我总是感到内心有些不适。原因是,就我自己的经济实力,我现在只能叫"经济适用房"。但问题是,有很多人也叫"经济适用房"。如此就让我和其他人,从背后让别人叫了同一个名字,这下我就不高兴。我觉得我是我,我根本不是别人,我不是不能和别人区分开来。比如我叫郑希耕,我会写诗歌,我的工作是和小白老鼠在一起,它们很天真。那个爱我的父亲去世了,我想念他,这已有接近三整年。还有就是,我每天要准时地给年迈的母亲打胰岛素,所以只要一接近黄昏,我心里就有些着急,不管是否有工作在身,是否有美丽女人停留身边。也因此,你不能只把我叫"经济适用房"。

>>> "小资"的定义

有钱就可以享乐,比如去吃很多好吃的东西。但是如果你老是一个人跑出去吃,吃了个痛快吃了个遍,你会发现这种"吃法"没多大意思。可见,享乐本身并不具有十足的意义。心理学的"意义学说"中讲到所谓"体验的价值",它指体验一些美好的事物具有"意义"。重要的是,体验需要和"他人"相关,需要扩充到"自我之外"。换言之,"自我之内的体验"其充分性很差。这让我想到了"小资",比如有大量闲钱可以玩古董、弄刀具、搞滑翔、比汽缸等等。大家都很有钱,因此便各玩各的,如是,这些享乐到底能够"有多乐",就会成为一个问题。在这种意义上,享受生活本身没有错,也因此,对小资产阶级的准确定义,不是享乐,而是无爱。如同有闲钱搞滑翔的时候,老是自己滑,滑多了就没劲。不如请请那些"滑不起的人",别人一感谢你,就更有一些意思。我想这一点,是个人,他就会清楚。请请别人,遂在使金钱产生意义的同时,使自我也产生意义。

>>> 效益不错

在我们的社会中,找到一个好单位工作的重要性已经很大了。只要在这一关键的当口找到一个"好单位",那么一辈子就会过得很体面、很舒服。在余生就可以安安稳稳地做成个舒适而有"阶层感"的人。这一点像有些人称呼的大都市的所谓"房虫子",拼了命地在城市圈了点地,事后便可以,岂止是事后,基本上一辈子就可以饮食无忧。遂人生及其选择变得关键。此也如同在我的家乡,只有一个单位效益明显好,那里的一个普通工人月薪可以挣到2 500块钱,而其他单位的工人,实际上干的工作基本相同,每月却只能拿到四五百块钱,难以养家糊口。实际上,我要说的是,尽管我们的社会鼓励对社会的贡献,但是其中不少"阶层感觉"不错的人,他们的"人生本质"无非就是本单位的"效益不错"。在这一点上,我甚至不轻视那些因"效益不错"而窃喜的人,只要是偷偷的,便可以,因为他们对人间的"理应公平"和客观存在的"不公平"尚存知觉。

>>> 价值观与生物性

现代社会是物质社会,培养出了不少"物质男孩"和"物质女孩",这不足为怪。值得一说的是,很多所谓"高知家庭"也跳不出这个藩篱。按理说,知识分子家庭应该更有点"精神"才对,而又何以至此。在我看来,实际上并非是这种家庭没有相应的教育,而是孩子出生和成长的环境,在其中起了更大的作用。高知家庭通常有些钱,也因此,出入于"穿得体面""吃得讲究"的宽敞体面的前厅里的小孩子,其臭美和优越的"生物性"价值便被率先开发了出来。这情有可原,孩子哪懂那么多呀。不管怎样,这使得后期,在孩子懂得了"人话"之后的价值与理想教育,变得没什么用了。与此不同的是,我出生在一个普通的知识分子家庭,家中没什么钱,因此我对物质,对金钱就缺乏机体兴奋,我没这个条件。也因此,它成就了我生命的价值在于人际之爱。而我前行的动力,在于不值钱的理想。在这方面,我倒是兴奋起来了。在此真正重要的是,价值观存在生物性基础。

>>> 商业与感恩

商业的原则是自主而平等的交易,这与奴隶主与奴隶的关系相比进步了不知多少,因此它是好的。但是商业原则却不是最美好的伦理原则,原因在我看来是,生活在商业社会中的人,会觉得不论是什么东西,都是用我自己的本事换来的,因为我付出了,所以我"该"得。既然是我"该"得的,那么和别人也就没有关系。最终无论得到什么,也就不会产生感恩心。在我看来,感恩心的丧失是商业社会人际关系的一个核心特点。它让人间充满个体性的骄傲,例如能力很强,却使人与世界的关系失去温暖。实际上在天地间,不是什么东西你想得到就能得到,你有本事就能够"换"来,例子是有尊严的爱情与身体的健康。你能力多强,你花多少钱,却完全可能买不到。当你无论如何也买不到时,你便会感到,生活中的一些美好,其本质属于馈赠。这种馈赠的感觉,让你爱这个世界,而不是能力高强的你自己。在上述意义上,感恩心有些重要,敏捷之士把此称为"人类检点心灵"的一部分,它在未必比动物漂亮的面容上形成人类的精神气质。

>>> 王家小二与人类价值

　　是个人就离不开精神生活,因为广义上的精神生活就是心理生活,而心理活动谁都有。比如王家小二,因为总流鼻涕而很苦恼。在这种意义上,当代文化一个让人不乐观的特征就是精神生活的幼童化。在心理学的应用上(比如临床心理学),它指我们只关心个人生活中的某些"技术"问题,而不关心人类那些具有终极价值的灵魂问题。而如果这些重要的价值问题不解决,只是衣衫整洁和不流鼻涕,它还远远不够。原因是我们大家都知道的,人世间一些重要的幸福、苦痛与灾难,与是否流鼻涕这件事基本无关,它们都是那些不流鼻涕的人干的,比如利欲熏心,比如人际倾轧,比如精神困厄,比如丧尽天良,比如二战。换言之,对于我们社会真正的文明与和谐,王家小二流鼻涕这件事情,不具有重要性。实际上我的意思是说,在现今心理咨询与心理治疗领域,类似王家小二之类的书籍太多了。我以为这是心理学的悲哀。不理解的是,出版界的同仁如何能够认为这些东西配叫心理学?这种心理学不配学。

第七编　戏谑与玩耍

>>> *黄永耕*　幸福意志>>>　幸福意志>>>　幸福意志

>>> 登山的人

　　小时候,总是讲我们要做一个有信念的人,我对其中的确切含义却不甚了了。长大后,当我了解了幸福的一个不可或缺的前提,便是你是不是一个有信念的人时,我终于懂得了信念的重要。生活中的例子是,如果你相信"总有一款适合我",你就会去找,并可能找到。实在找不到,你还可以相信"总有一款我能造"。如此你就会去创造,并可能成功。真正重要的是,人如何才能获得坚定信念,比如"能找到"或者"能造出"。在我看来,信念丧失者永远生活在"事外",他们在生活之外怀疑生活。他们不开始生活,便认为生活无望。因为生活无望,所以不开始生活。出路简单,面对一切细节,"细节之下的细节"带给你信念。实际上,我的意思是说,你内心最为需要同时又最为欠缺的是"脚步可以迈出"的信念,而你却常把这种信念的缺乏在主观世界中感受为"路远"。信念缺乏是限制你的原因。去掉这种心理上的限制,自此,你可以登山。

>>> 桌子上的避孕套

人靠坚定的信念活着,这话不好理解。实际上人在信仰中实现着自我的坚定性,这话还不好理解。实际上我要说的是,坐那儿老实地待一会儿不好吗?吃点零食,泡泡脚,绷着个"劲"坚定个什么呢?实际上当一个人能够过上他想要的生活,他就只会做事情,那是一副投入的充满感受的表情,脸上不会绷着坚定。当一个人绷起严肃而坚定表情的时候,通常是因为他所信仰的东西很可能难以企及。他要靠那些他所相信的事物,让自己走下去,走向未来,走向人性固有的核心和人类存在的深处。他没有行动,但有着信念,这种信念使他"成为他自己"。因此,我的一个相信人类"内心的释放"和"性"有着核心关系的朋友,会把一盒避孕套摆在桌子上,完全不避讳别人,小盒子坚实地立在那儿,像个古怪而充满傲骨的旗帜。实际上他并不是个随便的人,他严肃得很。其严肃神情的理由是,人作为受到"生命有限性"所严重制约的个性生物(大白话叫做"人都是要死的"),追求具有道德正当性的"性"具有核心意义,而当代的婚姻及"性"的社会形式等等,对这种意义却无法充分完成。遂朋友把避孕套摆到了桌子上,在一种正直而严肃的逼视中,实现其信仰的坚定性。这一点不像总经理,后者桌子上只竖公司的 logo(标志)。

>>> 自然与扭曲

当一个人非常理智,控制自己的感情已经成了一种习惯,那么顺乎自己感情的做法在某种意义上便成为一种"意志行为"。例子是,在我的咨询病例中,可以看到这样一种年轻人,越是喜欢某个异性,就越是躲着他。而实际上,接近他,才是自己真正想的,才是正常的。于此,他们需要"要求"乃至"强迫"自己,用"意志行为"去发动那些"自然行为",这属于健康人性的"自发性"严重受损。如何改变这样一种不良习惯,不是我现在想说的。我想说的是,如果我们承认上述是一种精确的洞察,那么我们时代的实验心理学对此又能给出什么样的解释和答案呢?我不喜欢现代实验性质的临床心理学的原因与此有关。因为在短期内,由于方法论方面的原因,它很难研究有重要意义的复杂问题,并且由于不容易研究和解决,这些有价值的问题就被放弃了。

>>> 钟摆与摩擦力

　　动物遇到高兴的事就做,遇到倒霉的事便跑。老了意味着老了,死了就是死了,因此动物的表情通常泰然而毫不倾轧。用心理学的话来讲,动物在本能的支配下自然地生活。人则不然,属于人的生活已不再"自然",他不接受自己,也不接受生活,充满自我对抗。"得到"时,他在最不该失去感受的时候失去感受;"失去"时,他在最不应该充满感受的时候却充满感受,他倒霉透顶。和动物相比,敏感的人能够知觉到人类心理生活的巨大代价和其间的无聊,他就烦了。这像是钟摆,老是荡来荡去,就不再荡了,其间的摩擦力,是全方位遭遇生活所涤荡出的"明了其必然性"的情感。在我看来,接受痛苦的必然性,是放弃神经质性幻想的重要组成部分,也是 Karen Horney 所谓"生活是最好的心理治疗师"之所指。它指生活经历所凝结的情感,在他们的体内唤起了力量,一并统整了自己。

>>> 才华与双刃剑

才华是柄"双刃剑",剑的使命是漫天挥舞,所以气吞山河的勇士披靡所向,其结果会是"血染双刃"。"血染单刃"的情况是少见的,它像个强迫性神经症患者所为。在这种意义上,如果我们仔细观察生活,会发现可以称得上有才华的人通常都有些滥置才华,这便是它的"双刃"。而那些严谨、勤奋的人,一般而言总是没有什么太大的才华。在这种意义上,我们可以发现世间存在三种人。一种人有才华又部分地滥置了才华。一种人没什么才华却十足地发挥了略显普通一点的能力。这两种人在事业上的成绩会相差不多。还有一种人有才华又能淋漓地展现才华,这种人非常少见,人们叫他们"天才"。神经科学可以提供证据,说明为什么有才华的人会滥置才华,因为"才华"和"滥置才华",其本身由同一个"脑区"所驱动。并且才华到底是被"好用"还是被"坏用",是通过社会而非通过自我来定义的。在"滥置才华者"看来,他根本没有滥置。例子是不少聪明人,没有去造飞机,而去打了麻将,他很得意,因为从不"点炮"。

>>> 随遇而安

说有自信的人肯定会有成就,这在一定意义上缺乏道理。相反,没有自信的人才可能会有成就。实际上我的意思是说,真正自信自己能力强的人,通常会相信"我就是没有去做,我要是去做,肯定会干好",因为他们真自信,所以就可以不去做。因为他们真自信,所以"不去做"和"去做了"是一样的。上述是识别一个人是否真正自信的简单标准。对于真正自信的人来讲,他们做与不做一件事,由机缘决定。也因此,他们有些"随遇而安"。只有那些不自信的人才非要去做成个什么事。原因是他们要靠那些外在的东西来证明自己,否则他们就会怀疑自己的价值。重要的是,对那些怀疑自己的人来讲,无论做成多少事,似乎也无助于缓解他们对自我价值的疑虑。证据是,你如果认为他们干的事没什么用,他马上就会内心起急,他"不禁逗",原因是他此时此刻正在严肃地检验着自我的价值。这一点不像前者。前者不太关心别人的反应,他相信自己的结论。他自己一个人在那儿待着就挺高兴,"自信"的"自",来源于此。

>>> 心理与灵魂的分裂

当我被别人怀疑的时候,即使我什么坏事都没做,我依然会表现得局促,至少有一点点局促,就像我真的做了什么坏事被别人发现了一样。这种经历可能不止我一个人遇到过。我什么坏事都没做,它属于"灵魂真实",但是我们不该有的反应却成为某种"心理真实"。这是我所理解的心理与灵魂的分裂。我们灵魂上的"真实"甚至没有办法制约我们心理上的反应,可见人在心理上是有弱点的,这是种"脚正"与"鞋歪"的关系。劝人好劝,"不怕"却不容易,原因在于人际关系对个体感受的不可避免的影响。由这种影响导致的心理弱点很多。例子是,天底下如果只有你们两个人,我指在谈恋爱,你可能不会喜欢对方,没准几天之内,事情就要结束了。这像前者的"灵魂真实"。而要是在单位让大家看到你们在秘密约会,很可能在你的内心,你对"对方"的感觉,就会有些走样儿。或者是你还没走样儿,对方一走样儿,你也会跟着走样儿。过去的一个小说家写过个故事,说的是别人"起个哄",也可能无端促成个不该有的婚姻,说的就是这个意思。

>>> 我有巫术思维

孩子的天真是可爱的,因为他们有巫术思维。成年人完全可以是既成熟又天真的,只要他们还能保持住自己的巫术思维,就像明明是我们自己把什么东西搞得找不着了,却又惊异地叫出:"哟,它怎么自己出来了!"我们明明知道它绝对不会自己出来,却又情不自禁地会惊异于"它自己出来了"。也因此,无论我们如何成长,都逃不开我们机体内部的孩子气。最好的情形是我们的同伙儿也有巫术思维,我们会共同惊异于"它怎么自己出来了",并在共同地发愣上几秒钟后,恍然大悟于我们孩子式的巫术思维。在这样的当口,我们便共同返回了童年。也因此,我喜欢那些津津有味地爱着"戏法"的人。敏感的人不太喜欢"戏法"的答案,你告诉他,他会不想听。原因是有了答案,这世界就不好玩了。附带说一句,对"答案"心知肚明的魔术师,需要遭遇那些有着灵性的欣赏者,原因是他从对方充满激情的神秘与好奇中受到感染,仿佛神奇也正发生于"自我身边"。我相信,这是魔术所以能叫做艺术的唯一原因。我同时相信,没有这一点,魔术师这一行业没得可干。

>>> 胡说八道

据说动物不怕死。但如果我们追问一句这是据谁说的呢,答案肯定是"据别人说的"。别人又是据谁说的呢,结论总是据大家说的。大家又据谁说的呢?最后发现也不据谁说,原因是大家都这么说。大家毫无根据地一古脑地都这么说,可见是胡说。为什么人会胡说呢?它源自,此可为我们带来某些关于生活的信念。有了信念,就可能使我们自己活得好点。比如相信动物不怕死,而只有人怕死。如此,人就可以幻想、猜疑,甚或悲哀。在最低的意义上,它让人有事可做。在这种意义上,如果非要为"人是一种什么样的动物"下个定义,除很多种之外,我们还可以说,人是一种会胡说八道的动物。值得一提的是,缺乏证据的东西,多少会让人心存疑虑,自己要完全相信不容易,因此他需要到处和别人说。相信的人多了,便可以增添一点关于这种说法的可靠和真实感。如此,也使胡说的东西流行开来,这是"谣言心理学"的要义。

>>> 感官与主人

前人讲过分重视爱情的人屈服于了自己的感官,自己没能成为自己的主人。但显然每天吃三顿饭,同样屈服于自己的感官,不屈服还不行,它也没能做成自己的"主人"。后者却没有任何人反对。道理是这样,每天追求爱情,影响了人去从事其他高尚的事业,而每天吃饭却不影响人追求高尚的事业。事实是,吃饱了饭反而促动我们去追求高尚的事业。因此,问题的关键不在于我们是否做成我们感官的主人,而在于感官是否会成为目的。口味的满足不可能成为目的,这有神经科学的基础,因此吃饭尽管屈服了自己的感官,它却因服从于高尚的目的而成为高尚的。这一点与追逐唐·璜式的爱情不同,后者只服从于它自己,并具有强迫性。在人类心灵生活中,具有强迫性的东西,不如此不行的东西,全部是病理性的,它使人失去自由。在人类生活领域,为什么自由具有最高意义呢?因为不论就人类整体还是个体而言,"强迫"于任何一个方面,都无法有效生存,它违背生物体存在的最高原则。

>>> 个性与共性

不同个性的人对同一事物很难有同样的理解,就像有些心理学家所认为的,人的个性总是比人的共性要多一些。但我有一种信念,就是人在其终极心灵意义上的共性是大于个性的。果真如是,那么真正好的文学作品是可以感动任何人的,甚至是那些不同个性的人。这一点,大概如心理学家 Eric Fromm 所说:"在人有意识思考的事物之外,存在着一个感觉的范畴,这种内心经验难以言表,但是能够分享这些经验的人都知道,他们的共同之处要多于因观念不同而造成的隔阂。"

>>> 弗洛姆

>>> 吃饱了撑的

有人讲"艺术家是吃饱了撑的",听罢众人喝彩。其实有些艺术家并没有吃饱,他之所以要搞艺术就像他有两个胃,一个胃还没有吃饱,另一个胃业已嗷嗷待哺,饿得不行。这后一个胃大概指的是"精神上的需要"。在这些人之外,社会上有些人只有一个胃,他们吃饱了之后,会想到去搞搞艺术,他们才是吃饱了撑的。在此我相信,只有那些精神上嗷嗷待哺的人,才有可能成为真正的艺术家,原因是他们在现实中找不到吃的,因此只有创造,创造出一些真正有营养的精神食粮来充饥,来营养自己。与此不同,那些吃饱了之后想到去搞搞艺术的人,通常不会成为艺术家,他们的价值在于创造艺术品的市场繁荣,原因是营养对他们已经变得无所谓。他们身体好,身体好了之后活动就会多些,得出去转转,让大家看到他们的"块儿头"大。如此,市场自然繁荣。

>>> 真相与智力菲薄

历史地看,洞悉真相的人对别人是危险的,因为别人不曾有承受真相的勇气和能力,这适用于一切伟大的思想者,同时可以解释伟人通常是孤独的和真理时常会被时代所扼杀。曾遭胁迫与扼杀的思想者或许能够宽容那些不接受他们的人,因为从心理上看,也许首要的,他们并非人格低下,而只是一些智力菲薄与心理上的无能者。

>>> 渔夫能力不够强

据说有人见到渔夫悠闲地坐在阳光下垂钓,神情安详而满足,这令现代人觉得有所领悟,但最终大家还是谁也做不到一天到晚在岸边悠闲地垂钓。一天一个热切的少年充满好奇地上前去问了渔夫:"老爷爷,您觉得这种生活有意义吗?整天坐着,每天钓些鱼,煮些鱼;再钓鱼,再煮鱼。睡觉、吃饭、下雨、刮风、钓鱼、吃鱼。"渔夫道:"小朋友,什么叫意义?我怎么从来没有听说过啊,我们这儿的人怎么都不知道这回事儿呢?难道生活不就是这样,除此而外,我们还能做些什么呢?"少年问:"那么,是不是只有当我们除了做些简单而愉快的事外并不能更多地做些什么,我们才可以安然、悠闲地垂钓?"渔夫没有回答,却一脸的困惑,只是使劲地地拍了拍少年的肩膀,兴致勃勃地说道:"来,我的孩子,跟我钓鱼!"

>>> 给我一点吃吧

我发现自己在某些方面的心理健康程度,几乎令我吃惊。很晚从单位回来,饿得要死。偏巧车上坐在我前面的姑娘又在吃东西,好像在吃油炸素丸子,一颗两颗三颗四颗,吃得我已经探出头去。要命的是,她好像有些吃够了,居然把剩下的丸子包了起来,拿在手中,不再继续吃。当时我真是想找她要几颗,克制了半天才坚持住。那姑娘长得很漂亮,样子也有修养,我相信如果我找她要,并说明原因,她是会给我的。没办法,习俗让我压抑,重要的是,习俗让我刻板、虚伪,尤其是变得不可爱。我这样说的原因是,如果我是那个姑娘,那么就会喜欢上那个找我要丸子吃的大男人。

>>> NBA 与大高个儿

不论是谁,我都反对莫名其妙的瞎得意。我的本意是想说,"得意"应该有道理。实际上,生活中确实有些情况,某些人的"得意"会令人产生些微的莫名其妙感。比如 NBA 的"大高个儿"在篮球场上大步扣篮,威猛无比,同时引得台上够不着篮筐的小个儿跟着疯狂喝彩。在我看来,这没什么好喝彩的。别人天生生得小,跳得多高也够不着篮筐,你天生长得大,这并不能证明你就有多大能耐。你要是生下没几年就高出了篮筐半个头,往篮下一站,我估计球场上抢篮板的行为就要消失,你也不会急着把球往篮筐里投了,再投就没什么意思。附带说一句,很多人喜欢姚明等中外明星,是因为运动员经过长期苦练磨炼出的精湛技艺和他们不服输肯拼搏的精神,绝不只是因为"大高个儿"。我要是 NBA 主席,就把篮筐弄成 5 米,我估计球场就会安静下来,但问题是观众可能会不爱看了,还是不可行,算我没说。

>>> 奥林匹克会餐

生活中只要努力去战胜自我,那么所有人就都是胜利者,大可不必非要战胜别人,甚至失败了也不怕。就像那些举重比赛中的失败者,那些一瘸一拐地完成马拉松比赛的受伤者,他们赢得的掌声总是不少,甚至更多。在我看来,上述关于"人类精神力量的自我超越"是原因。附带说一句,我理解的奥运口号"重在参与",其所以成为一个美好的口号,是指大家全部有能力在这种最为普通的"参与"中去超越自我。换言之,在这一点上,大家是平等的,并因此同时是光荣的。没有这一点,那么这一口号便毫无意义。为什么都要参与呢?大家都参与了就是好的吗?也不好好想想!难道它的"好"就"好在"每四年才有一次机会,全世界各地的数万人,大家聚到一起?如果是这样,还可以考虑"奥林匹克会餐"吗,大家聚在一块吃一顿好了,这么多人一块吃上一顿,也能忙上一个月。

>>> 英雄要惺惺相惜

不知怎么,慢慢地变得不像过去那样热衷于看足球了,尤其是那些踢得特别好的球队间的较量,也即英雄间的较量。今天你赢我一比零,明天我赢你一比零,踢来踢去,大概结果总是这样而无他。原因是大家都是英雄,你肯定不会永远战胜别人。英雄为我们呈示一种创世之美,这就足够了。在这种意义上,英雄要惺惺相惜,而不要斗来斗去。这一点,如同真正的武林高手相互间总是不太较量,而是抱拳做揖。也像古希腊故事中讲到的,叫做"我最大的愿望就是和你这样优秀的敌人成为朋友",其目的和战胜别人已经变得无关。英雄成为朋友很重要。英雄比肩相邻,代表人类的高度,代表热切中的骄傲与尊严。与此相反,你自己牛得了不得,永远胜利,遥遥领先,但只要是一个人,多多少少就会有些没劲。不恰当的例子是,马拉多纳退役后,会期待另一个巨星的出现。如此,他才会觉得足球这东西还有着意思。如果三五十年,大家越踢越臭,暮年的巨星就会悲哀。

>>> 瞎折腾

在人世间具体的生活中本不存在着什么持久的自由和持久的满足，因为持久的自由和满足都会使人对它们失去感受力，这有着神经科学方面的脑基础。从这种意义上讲，人甚至近乎有意地在幸福和满足的生活中寻找着不幸和不满足，以便为自己创造出新的幸福和新的满足的可能。这一点可以解释心理疾病中"神经症性反应"的发生。比如焦虑性神经症患者给人一种印象，什么事似乎他非要朝不好的地方去想，弄得自己很难受，这一点他像是故意的，而到头来"结果"却不见得像他想象的那么坏。换言之，他在瞎折腾。实际上，我们所没有发现的，是在这一过程中，他为自己创造了一种新的"感受力"，并从中获得幸福。作为心理学的基本原则，利己是本能。因此，在全部意义上，没有人会瞎折腾，你说人家瞎折腾，是因为你未曾体会到折腾的快感。神经症患者非要折腾出这种鸡飞狗跳的快感，是因为他缺乏建设性地获得积极满足的能力。要快乐一点，他只有如此。这是神经症基本的心理病理学。

>>> 保尔与冬妮亚

自从第一次见到保尔，冬妮亚便是喜欢的。那个不知从那里来的小伙子是英俊的、沉郁的，是醒目的、是莫名的。吸引她的是他在马背上的样子，那是漂亮的。口哨一样竖起的条条脊骨和领口深厚的肮脏，在那搞不清楚的骑兵团中，嶙峋而庄严。冬妮亚喜欢他的那种样子，迎着风口，要一口吞下所有土地与硝烟的样子。她所没能理解的，是那些黑压压暖融融的敌人。她不懂敌人，遂不懂他的仇恨与庄严。她因此对这个年轻人敬畏、亲密而疏远。但就在远离他的同时，又仿佛有着一种黑洞似的力量,把她吸向马背上那个战士的后背和后心,野蛮抽拔出她洁白胸怀中被风口吹凉的温暖。姑娘就这样,不由自主地走入了前线。她用胸口紧紧贴着那个战士的前心、后背,污垢卓拔,钻透长领与桦林,未战而死。多年后,那个曾经年轻的残废的军人,那个因吞掉所有苦艾与号角而全身病残的衰弱的老者,告诉城里的年轻人,他爱着那个马背上的姑娘,后心上的姑娘,被冷风狠狠吹落的姑娘,那个不曾懂得敌人却有着信念的姑娘。实际上,我在此是在说情感与信念的关系呢。

>>> 保尔与冬妮亚

>>> 好上一万倍

诗人西川说海子的诗歌比朱湘的要好上一万倍(海子和朱湘是我们国家历史上的两位诗人)。客观地讲,海子的诗歌确实要好,但是好不到一万倍,只有三四倍。如此,好上一万倍的说法,就太离谱,很不客观。上述成了具有"诗性"的人不好相处的理由。我的意见与此相左。在我看来,不客观没什么,例如"好上一万倍"。它甚至挺好,因为它抒情洋溢,眉飞色舞因而讨人喜欢。实际上我的意思是说,人与人之间,首先是"不是一路人",其次才是"不客观"。在此你不要找理由,说什么是因为"不客观"。我的证据是,一帮很客观的人,完全可能异常合不来,可见"客观"和"合得来"谁也不挨谁。于此,婚姻心理学的书籍会讲到类似的一个意思,它指人应该找一个和你合得来的人,从未告诉我们去找一个客观的人。这一点,也像我在家里,听着妻子在那嘟嘟囔囔,一点都不客观,但我觉得没什么,她爱说什么说什么吧,只要她高兴。

>>> 没有现实感

"信念"这个东西存在于人的头脑内部,别人不好管,想管也管不住。比如人可以相信只要我喜欢那个美丽的男生,不管对方怎么想,我迟早可以和他在一起,从此幸福地生活在森林里,难怪这被称为童话。在这里,他们只相信自己,却不相信现实,心理学上叫做没有现实感。那么现实是什么呢?现实就是别人说我愿意和其他人而不是你生活在森林里,她说我不信,她怎么都不信。为什么她们这么不愿意相信别人呢?这大概像别人跟她说,你的钱包丢了,她首先会疑虑,会不愿意相信这是真的,原因是信了没好处。要是别人说,你的钱包丢了,让我拣到了,她就更容易相信。如此看,现实感的丧失,部分源自遇到了不少品质不好的人,比如拣到了她的钱包又不交还,在此我指一个人的成长经历中,他们消极的经历太多了。一个人消极经历太多,就会情不自禁地排斥现实,扭曲也自此开始。

>>> 自然的儿子

  我是中国的儿子,这没有问题。同时我还是自然的儿子。比如当漫长沉翳的冬天早已过去,而我等了一天又一天,那些期待中的春天依然迟迟不到,我便会想陷入关于"自然"的胡想八想。而当春天强大的光线以一种完全不管不睬的方式突然降临,甚至连春光照不到的背脚都无法阻拦春光的抵达,我会再次为此感到好奇。是什么使春光终于"想通了",并且就在此刻变得如此坚定而彻底?实际上我是说,这就是我,我就这样。我们知道,在心理学上"本体意识"是一个不容易懂的词汇,在我看来,上述胡想八想,可以使这一词汇获得一定的说明。我的意思是说,在我的内心,我和自然有着关联,我经常可以感受到这种关联,不是我"愿意"如此关联,而是我"正在"如此关联着。因此我才会说,我是自然的儿子。儿子成为儿子,你高兴是一回事,你不高兴也没办法,我在这种意义上成为"自然的儿子"。我的一个朋友也是自然的儿子,他说东北真神奇,因为那里其实纬度一点不太靠"北",但"真他妈冷",他对生命遭遇的毫无理由,表示好奇。

>>> 你要是真的喜欢

十几年前,当时我编一本杂志。因为杂志是自己出的,所以就可以和其他人编的杂志来交换。没几天收到一个不认识的女编辑的回信(《读书》杂志),内容不多,但一句话十几年后还记得清楚,话是:"你要是真的喜欢,那么我就寄给你。"在此,如果不怪我故作多情,我当时的感觉好像仅仅从这几个字中,就读出对方是一个自爱的女人,甚至感到柔情。请不要亵渎,这件事和常人所谓"个人情感"没一点点关系,我们完全不认识至今。什么叫做"你要是真的喜欢"?我所知道的是,她要确信我是发自内心的喜欢,并因此会呵护、会爱,否则她的作品,她的"爱"与"心",就会捏拿在别人手中遭到践踏。于此,我指"随意"可以践踏"深情"。我今天想起这件事,也是有原因的。原因是我认识的人,找我要我写的这本《幸福意志》(我为此倾注了大量心血)。实际上,这几块钱的东西,我毫不在意。但不管怎样,这也让我脱口而出,"你要是真的喜欢,我就送你"。在"你得真喜欢"这一点上,你要向我保证,否则我卖都不会卖给你。这一点,像嫁人,你能体会到吗?

>>> 处女与心性

处女与其说是一种结果,不如说更是一种选择。就像在生活中,我们很少称一个很小的女孩为处女一样,原因是她不懂生活的多样性,她没有选择的能力。其为处女,不足为题。处女问题,我们谈及的只是成人。原因是与上述相应的,她懂得生活的多样性,她有选择的能力。如是,"成为处女"才具有意义。于此,我并非就处女而论处女问题,我更关心的是成人所谓"心性的纯洁"及其选择与选择"不"。

>>> 深 沉

　　太多的热情,太多的善良,太多的平静,只是因为心底有了太多的泪水。就像经历过巨大苦难的人总会觉得,泪,都已经独自流了,这工夫,还有什么好和你说的,遂陷入长久的沉默。是所谓"深沉"。

>>> 女人的温柔有时很狰狞

　　这是事实,但你最好别发现。

>>> 相信与证据

　　文学的价值诉诸情感,可以不见得如真理一样公正;思想的价值诉诸客观,可以很冷酷甚至违背人类虚妄的尊严;信念的价值诉诸机体的直觉,可以缺乏分析,没有证据。

>>> 猴子的爱情

　　爱情即取悦,而理想的爱情即是双方永远乐此不疲地相互取悦。猴子的爱情和人的爱情有一致的地方。

>>> 在上帝和诗人的眼中

　　小孩子交换"玩意儿"的时候是欢欣的,人看到自己的创造物揽月捉鳖,心中是会感到博大和振奋的。而假如世人的生活只是通过交易而唯一的目的只是为了活下去的话,这一切的一切,即无孩子的天真,又无成人的创造,那么在上帝和诗人的眼中,整个人类将是面无表情的。

>>> 善良与心软

　　我不知道什么叫善良,我只知道什么叫心软。善良的人会得到回报,心软的人自己在一边心软,和别人没什么关系。这是两者的区别。

>>> 感　　动

　　这个世界已经没有什么东西可以让我感动,剩下的只是人类个体的可怜与无助和一颗颗血淋淋的自爱心。

>>> 自欺的限度

眼不见为净,一是因为我们要吃,二是因为我们不想去做清洁,三是因为那不洁还不足以卡住喉咙。要是卡住了喉咙呢?可见蒙蔽自己是有限度的。

>>> 凡人与伟人

做不了现实中的凡人,自然要去做希冀中的伟人。正像陷入悲哀有时是一种懒惰一样,过多的"希望"是一种逃避。

>>> 苦 难

人只有经过苦难,才能够最为深切地爱别人,或者只有经过苦难,才能变成铁石心肠。我甚至不轻视后一种人,因为他们内心存在哲学,并承担了为此的代价。

>>> 小 便

我所理解的不正直是那些没钱的时候提倡纯情,一旦有了钱便在纯情上撒上小便,开始大放獗词地高呼起金钱对社会生产力的推动的那些人。

>>> 科学与诗歌

如果说科学发现是发现自然界中的一种"质",而卓越的诗歌则是发现人类灵魂感受中的一种"质"。

>>> 麻木与新鲜

固然这个世界中可以感动我们的东西变得越来越少了,但是最为可悲的却是我们自己终于失却了感动的器官,再没有心情与心灵去感动了,于是世间的一切终归为平淡无味。其实生活永远新鲜,麻木的只是我们的心灵。

>>> 等待贤妻

从某种意义上讲,理想的婚姻就是社会造就贤妻,而自己去拥有她。反之则是不幸的婚姻。

>>> 上瘾与纷扰

人对一种东西着迷和上瘾意味着他不可能同时对另外一种东西也上瘾。否则的话，这两种东西便都谈不上入迷和上瘾，想来这是逃避人间纷扰的一种方法。

>>> 性感女人

从某种意义上讲，最性感的女人是最"感性"的女人，而最"感性"的女人是心中"只有感性"的女人。"纯然的感性"很不错，自有其独特的与世界斡旋和达成和解的方式。

>>> 安详是性感的

没有人具有超过自然的力量，但却有人会给别人留下具有超过自然力量的感觉，比如安详。因此安详是性感的，因安详而生出的爱情是一种误会，因此能够长久地生活在安详的误会中是一种幸福。

>>> 遥远的希望

我们花了一辈子的代价去奋斗,而我们需要的与其说是某种具体的功利,不如说是寻求一种生存意义之证明。"证明"是一次性的,这一点不像功利。也因此,"希望的实现"不怕遥远。

>>> 一往情深

一往情深只是因为你一段时间内"情无系处"。看来情之需要"系"处,要比到底"系"在哪里更为重要一些,只是人们不自觉。换句话说,从本性上看,人需要与这个世界发生联系,缺乏这种基本的联系,是要命的。有了这种联系,其他的东西,例如如何联系,与谁联系,只有次要一些的意义。

>>> "做诗"简单不过

"做诗"简单不过,它指成为诗人简单不过。原因是,对于一个有着丰富想象力和"原始意象思维"的人,成为一个优秀诗人,需要做的,仅仅是记录与描述。实际上,这种"意象思维"才是不容易的,而写作并不困难。

>>> 没有人自大

我也学着历史上伟大人物的样子,写下些谜语样的语言。其中之一是,这个世界没有人自大,能够自大的人全部都有自大的资本。换言之,他们全部都应该自大。再换言之,这个世界只有因其能力由于种种原因而没有充分发挥的人,而没有自大的人,尽管这一点使那些没有资本自大的人,仿佛拥有了一种资格,把对方称为"自大"。

>>> 哲学天才

如果世界是有规律的,那么哲学天才便可以理解很多事情,只除外一件。这一件指,他无法理解一个如此昭著的真理,别人为何总是难以企及。换言之,一个哲学天才永无方法理解,别人何以不能成为一个与自己一样的人。

>>> "美"难分高下

世界上难分高下的东西有两种:一是自尊,二是美。仅就"美"而言,"难分高下"成为"美"的核心特点之一。比如"大家闺秀"与"小家碧玉",比如朝阳与落日,你很难说哪一个更美。"美"令人沉浸,令人怀想。它指你见到朝阳,你沉浸于其中,充满感受,忘记了和落日的比较。我相信,能够把"美"分出高下的人,根本没有进入审美境界,而仅仅是在"使用"他的工具,比如两把成色有着差异的铁锹。

>>> 天才与受难

普通人的受难让别人觉得"你的能力不够强",这没有办法,你本该如此。相反,"能力足够强"的天才的受难,却让人心生怜悯。我们活在世上,会在无意中,把"东西"给予那些不需要的人。

>>> 乐观与信任

反正信不信由你。我要说的是,从本质上看,乐观和信任都是非理性情感。我指"真正乐观"的人,是那些遇到很多悲观的事,但是他依然乐观的人。遇到乐观的事才乐观,那不算。而"真正信任"别人的人,是那些遇到不少不可信任的人,但是下次遇到没骗过他的人,比如新认识的,他还是愿意相信别人的人。有关人的心理健康,书上有不少标准,在我看来,都不怎么样。应该加上一条,心理健康的人,有些"没脑子",我指理性缺乏。这一点让我想起,小的时候,家中的大院中,小伙伴都喜欢玩枪弄炮,到处乱跑。那个时候穷,小伙伴多,枪比较少。一个小伙伴,家中算有些闲钱,玩具多。不知怎么搞的,枪和炮都让那些"要尖儿"的家伙弄跑了,在前面飞跑,只剩下我的这个小朋友,跟在队伍的尾巴上(他跑得慢),一路冲啊杀啊,跟着大家,这叫一个高兴,但手里只能举一个木棍儿,实际上大家伙拿的所有的枪和炮之类都是他的。我相信不论是小时候还是长大后,我的这个玩伴肯定会有好的人际关系,因此我才会说到,缺一点理性和脑子,很可能会心理健康。它同时还指,脑子不能太复杂,遇事也不能老分析。分析太多,就会紧皱双眉,并对那些问题充满仇恨。

>>> 偷东西之后不能做爱

男人和女人做爱是有前提的,一是两个人之间要有感情,这一点别人常说,它道理充分。我发现做爱还有其他的前提,比如能够美好而自尊地与别人做爱的人,通常应该对自己也有"上佳"的感觉,例如自信、骄傲、有尊严,觉得自己配得上这种亲密而美好的感情。否则,这种行为在自身心理上的"正当性",便会受到怀疑。一个不恰当的例子是,假如某皇家公主突然提出要和我做爱,那么我就会吓一跳,会觉得"哟,这是怎么回事儿",于此我必须搞明白,我指我好像得知道点儿对方这样做的理由,比如是我哪点儿哪点儿让对方觉得不错之类。什么东西都没有,我不可能上来就做,尽管对方是个皇家公主,尽管有机会和皇家公主做爱,会导致人精神振奋。"上来就做"算什么呢?尽管东西很好,但我好像总希望能让自己觉得"我有点配"。下面才说到我真正要说的事,六年前,我的一部小稿件,曾经被一位男性同志整段整段地剽窃,把我写的文字署上了他的名字。这一点倒没有什么,算我送给他的吧。于此我根本没有去关心。按说这种人,内心应该对自己没有什么我们上面说到的"好感觉"吧。并且照常理,他内心应该充满一些污秽感才对。但真正令我好奇以至于我有些关心的是,这种人怎么会好意思和他的夫人做爱呢?就这么赤裸裸的,并且是在刚偷完东西以后。

>>> 荣 格

>>> 有钱人的苦恼

  有钱人也有有钱人的苦恼,因为他不知道和自己上床的女人到底是看上了自己的钱,还是看上了自己的人,这成为了他们持久的困惑而不得解脱。因此敏捷之士会说他们还不如乞丐,"原因是女人可以不嫁给乞丐,但是却不见得不喜欢乞丐"。这有些道理。有钱人担心女人只是看上了自己的钱而没看上自己的人,倒不是因为他们担心自己哪天没了钱就没有了女人的"搭理",而是因为他们担心,要是在钱和交易还都没有出现的古老社会,那我就要断子绝孙了,尽管对于上述,人们完全可能不曾意识到。我们可以把此种疑虑考虑为,它始动于心理学家 Jung 讲到的"集体无意识"。

>>> 献身与献不出去

在现代词汇中"献身"这一词汇早已象征化了,实际上其象征意义和其本意,即"献出自己全部的身体和灵魂"实无大的差别。不管什么原因,自己主动要献身,态度首先必须是虔诚的。不仅如此,自身还必须是美好的,二者缺一不可,否则会"献不出去"。从这种意义上看,"献身"和"爱"是两码事,"献身"中可能会包含对自我利益的考虑,甚至还包含了对"献不出去"的恐惧和担心。遂过去总有这样的故事,尽管人洗净了身子去"献了身",来年河神却依旧发大水,便是因为河神发现了这种"献身"中缺乏爱。

>>> 调情与乐队指挥

音乐会在演奏前要让不同的乐器来调弦,这要费上几分钟。显然这是个必需的过程,目的是为了产生物理上的共鸣与激动。调弦调得准确了,但演奏者却可以对乐曲有着"马嘴驴唇"的感受,因此高超的指挥家还要讲到对乐曲的理解与升腾。只有这样,才能演奏出好的音乐。在我的理解中,这有些适合于性爱,唯一的不同是前者需要个指挥,后者不然。"调弦"有些像"调性",而"调情"则像两个人寻找对"音乐"共同的理解。光"调性"是不够的,它如同单纯生理性的性高潮,没有水平的表现者是可以满足于这种雄壮与共鸣的。在我看来,这种进化水平较低的生物性感受不值得责怪,更值得同情,因为他们不懂音乐。实际上,在此我是想说,好的音乐与爱有关,而非性。

>>> 没有钱也没有女人

当我相信如果我想挣钱便可以挣到钱的时候,我便可以放下挣钱这回事而不去挣钱,因为这没什么了不起。在挣钱这件事情上,也可能我这辈子就在这样的"相信"中过去了,结果一生根本没什么钱,但是钱对我却从来不是问题。与此类似,当我相信我有能力赢得女人的爱的时候,我便不会非要迫切地去追求女人,因为我相信这同样不是问题,直到这辈子也就在这种"相信"中过去了,根本没什么女人,但女人的爱对我也不是问题。上述这种人既没有钱也没有女人,但是他们却活得不错,好像自己又有钱又有女人一样。自信的力量在此。

>>> 求你分享我的快乐

哲人讲"把痛苦与人分享,痛苦就变成了一半;把快乐与人分享,快乐就加了倍"。但仔细想来,只前一半是对的,后者却存在偏差。当你和别人分享你的快乐的时候,不仅是对方的快乐加上自己的快乐而使总的快乐翻了一倍。重要的是,单纯是你自己的而和对方无关的快乐也增加了一倍,这是"分享"的真正价值所在。如此算来,实际上总的快乐不是增加到两倍而是三倍。果真如此,我们便不难理解,生活中自己的痛苦有时能够独自忍受,而自己的快乐要是不去和别人分享,就该把人逼疯了,上述是原因。

>>> 讨厌的性学家

性学家也够讨厌的,因为他们说男人通过视觉与行为刺激产生性感觉,女人通过幻想与言语刺激产生性感觉,而不论其产生方式,这些感觉的本质都是性的刺激与反应,而无高雅与低俗之分。这些人非要说出真话,就会把事情搞得有些麻烦。比如"我爱你"有些高雅,性学家非说"我爱你"无非也是为了产生生理性激动,这就会让人有些不堪。在这种意义上,人世间有两种东西,一种东西因为符合了人的自恋与虚妄,因此人们宁愿信其真。另一种东西因为剥掉了温情脉脉的面纱而真实得近乎冷酷与令人羞臊,人们宁愿信其假。如此看来,在这个世界,要获得别人的推崇与认同显然是有技巧的,只要你放弃对真理的追寻。其实于此,女人完全可以不必理会,原因是,生理激动就不坏,你羞臊的原因是因为你过于"封建",才会认为"生理激动"不如"我爱你"。我要是个女人,就会觉得这两者都挺好,遂开始幸福,尽管这好日子有点遭人恨。

>>> 奇迹与可能

奇迹通常会吓人一跳,因此当奇迹发生的时候,我们总会禁不住地感叹,想去追问奇迹何以能够发生。心理学家说过人有"认知的类本能",确实是这样。就像某些"已经成为了事实"的存在,我们还总想知道"它何以能够如此"。这让我想起了我们国家的一位经常露面的传媒节目嘉宾,其思路的滑稽、勤恳与不着边际,总让我在感慨的同时,想去追问一下"怎么会这样"。这种追问的冲动不难理解,这只是当我们面对奇迹发生时所惯常的态度。

>>> 打你一顿

据说某些发达国家的发达地区并不将对某些女人的骚扰行为视作犯罪,原因是心理学家认为那些女人有"自愿"的成分。心理学家可真够讨厌的。还听说某些发达国家要限制女人穿得过于暴露,并且要把那些故意穿得非常暴露的女人拘禁起来。仔细想来,这也有点道理。男人对待性的反应有点像孩子,禁不住你故意诱惑,这是男人的机体反应,由不得他自己,不是道德不道德的问题。你要是一个大人,整天拿好吃的来馋孩子又不给孩子吃,那你肯定就是个混蛋。一帮孩子纠集起来打你一顿,把好吃的抢走了,你有什么好说的。

>>> 自信的人爱丢东西

自信的人通常能力很强,只是他们会经常丢东西。为此,不能从经验当中汲取教训,一而再再而三地丢东西,可以成为识别一个人是否真正自信的标准。他只相信自己的感觉,而不相信小偷的感觉,并且在他已经丢了东西,业已证明小偷的感觉比他的感觉更敏锐、更正确后,他依然还是相信自我的感觉。手机就在我的裤兜儿里,贴着我的身体,谁要是动一下,我肯定会知道,遂一直发展到把手机丢掉为止。在心理学家看来,真正的自信来自对自我机体感觉的全然相信,并且不汲取经验教训。

>>> 对牛弹琴

当你觉得和某些人根本无法沟通时,你会觉得"我简直就是对牛弹琴"。实际上,这种想法相当不妥,因为你把别人比喻成牛,而把自己说成是人,还是个抚琴的德操之人。实际上,你完全可以把此说成是"我是一头牛,我表白了我的态度,而你完全不能理解"。这样很好,它不仅代表你尊重了别人,并且代表你,一头牛,真正地尊重了自己。一头牛又怎样呢,它并不比一个人格调要低下。因此,它不卑不亢,它自然大度,这叫真正的自尊。在心理学上,我们经常说,一个不热爱自己性别的人不够自尊,它是性心理发展障碍的表现。实际上,不热爱自己种属的动物也没有自尊,它们的自卑永无超越的可能。于此我是在说,本书很可能写到了一些牛的事情,或者是人的事情,这很难搞清楚。好在只要热爱自己的种属,就无所谓了。

>>> 我缘何写作（代后记）

我相信好的作品是在为自己写作，在为自己写作的过程中成为自己。在这一方面，一个未经思考的问题是：如果是为自我写作，那为什么又要拿出来让读者看到？在我看来，一个人捕捉他的直觉，体会他的情感，认识他的世界，对此一笔一画审慎地加以描绘与记录，这一过程使一个人的生命具有哲理性。我知道，上述是一个含糊其辞的说法，因此我继续把这种真理性表述为某种坚定性，它如同——

> 我要吃饭，
> 吃下那些东西不是我想要的；
> 我要睡眠，
> 狠狠地睡去，
> 不是我想要的；
> 我要陪伴，
> 我知道，陪伴不是我想要的；
> 我要孤独，
> 但孤独，不是我想要的。
> 我知道，
> 我要的是某种和意志有关的东西，

是某种坚定性。

哪怕，是残留下的，

惶惑与抑郁，

决不怀疑。

因此，我的写作就是在试图准确地叙述我自己，并在这种缓慢的叙述中，成就我的坚定性。我相信，我能够为读者带来的，便是这种坚定性。我相信它对读者是会有益的。

我要把这本书献给我的父母。原因是，经过长时间的生活，我发现真正可以称得上无私的父爱和母爱并不多见，甚至少见。这一结论有些违反常规，不易被认同。不管怎样，因为他们的爱干净，所以我心中有"蜜"。我祝福他们，永远！没有人能够证明，在人世还是非人世我们不能在一起。

在这本书写作期间，父亲病逝。我时常记起，病重的父亲曾说过一句有些含混的话：人生就是那么一回事呀。人生是怎样一回事呢？这是我写作的原因。既然我从内心相信，我是父亲生命的延续，那么在此我所试图的是为父亲和我共同的生命，赋予所有可能的积极的内涵，在赋予自我生命以意义的同时，赋予父亲以意义。

感谢北京大学出版社和王炜烨先生，为了本书的从无到有，我们同时成为创生者。我对创生及创生者有些感触，其原因在我看来它是"真正思想"唯一准确的内涵。我还要感谢我的学生也是我的朋友的孙隆新女士。对于本书的出版，她给了我很多信念上的支撑和技术上的帮助。谢谢她在我们共同信念之下的努力与辛劳！

关于这本书需要说的一句话是：书中的观点只是"从某种意义上"看到的东西，不可在全盘意义上来理解。这种"角度事实"或许还是有价值的，如果看得真切。

郑希耕

于中国科学院心理研究所